白桦 *BpGT14* 基因和启动子的克隆及功能分析

曾凡锁 詹亚光 著

科学出版社

北 京

内 容 简 介

本研究旨在明确糖基转移酶 *BpGT14* 基因在白桦生长发育中的功能，克隆了白桦 *GT14* 基因全长序列和启动子区，分析了其结构特征和表达模式，获得了 pRNAi-GG-*BpGT14* 转基因白桦。结果显示：RNAi 白桦茎横截面中木质部面积增加了 23%～47%，而韧皮部面积比例无明显变化；木质部中导管面积为对照的 1.82～2.16 倍，韧皮纤维面积比例无明显变化。干扰白桦纤维素含量无明显变化，半纤维素、果胶质含量显著降低，相比野生型分别减少了约 40% 和 10%，说明 *BpGT14* 在植物半纤维素、果胶质等细胞壁多糖合成中具有重要作用。

本书对白桦和其他木本植物的遗传改良及功能基因的研究具有很好的借鉴意义。本书可供从事林木遗传改良和逆境分子生物学研究及教学的人员参考，也可用作林木遗传育种学相关专业研究生的学习参考书。

图书在版编目 (CIP) 数据

白桦 *BpGT14* 基因和启动子的克隆及功能分析/曾凡锁，詹亚光著. —北京：科学出版社, 2018.6
　ISBN 978-7-03-054437-7

Ⅰ. ①白⋯ Ⅱ.①曾⋯ ②詹⋯ Ⅲ. ①白桦–基因克隆–研究 Ⅳ.①S792.153

中国版本图书馆 CIP 数据核字(2017)第 222226 号

责任编辑：张会格　陈　新　高璐佳 / 责任校对：彭珍珍
责任印制：张　伟 / 封面设计：刘新新

科 学 出 版 社 出版
北京东黄城根北街 16 号
邮政编码：100717
http://www.sciencep.com

北京虎彩文化传播有限公司 印刷
科学出版社发行　各地新华书店经销
*
2018 年 6 月第 一 版　开本：B5 (720×1000)
2018 年 6 月第一次印刷　印张：10
字数：200 000
定价：108.00 元
(如有印装质量问题，我社负责调换)

前　　言

糖基转移酶（GT）是一个重要的功能多样化酶家族，与多糖和糖苷的合成密切相关。植物逐渐进化形成了 GT 大家族，其在植物的生长和发育中进行糖基化的一系列反应。糖基化对于生物体是一个关键的反应，截至目前，CAZy 数据库定义了超过 97 个 GT 家族。复杂的碳水化合物的合成在植物体内尤为重要，这些物质控制植物体内各种分子功能、细胞与细胞的相互作用、信号及蛋白糖基化。寡糖和多糖的合成涉及了几百种不同的糖基转移酶，它们可以将糖基从活化的供体分子转移到受体，糖基化特异性的目标分子。

细胞壁的成分中，90%左右是多糖，主要为纤维素、半纤维素和果胶类，糖基转移酶参与细胞壁组分（纤维素、半纤维素和果胶）的合成，催化各种分子的糖基化，因此对植物细胞壁的发育有着重要影响。GT 家族在植物中的重要功能为催化植物细胞壁多糖的合成。糖基转移酶 14 家族属于糖基转移酶超家族，该家族在植物细胞壁合成中扮演着重要角色。对于生物乙醇的生产，细胞壁是最丰富的纤维素生物质来源，因此，对糖基转移酶 14 调控细胞壁生长发育的研究对于生物能源的开发具有重要的研究意义。

本书主要研究了糖基转移酶 *BpGT14* 基因在白桦生长发育中的功能。第 1 章简要介绍了糖基转移酶的分类与功能研究进展，同时分析了启动子和 DNA 甲基化修饰的研究概况和国内外的发展趋势。第 2 章主要克隆了白桦 *GT14* 基因全长序列，命名为 *BpGT14* 基因（JQ409354），利用生物信息学对其理化性质进行了分析，揭示了该基因在不同部位、不同时间及对逆境响应的表达模式。应用染色体步移技术 Sitefinding-PCR 的方法克隆获得了该基因上游的启动子序列，大小为 2169bp。第 3 章通过酵母单杂交筛选启动子 MYBPLANT 元件结合候选蛋白，筛选得到了多个可能与其互作的候选蛋白，包括糖基化类 MYB 转录因子、GPI 锚定蛋白及多个功能未知蛋白等。第 4 章研究筛选得到了一个含有 PHD 及 DUF3594 结构域的候选蛋白，属于 Alfin-like 4 家族蛋白，将其基因命名为 *BpAL4* 基因，该基因全长 762bp、编码 252 个氨基酸。其 DNA 结合位点 PHD 结构域及功能位点 DUF3594 结构域共同作用来调节基因的表达。第 5 章主要进行了白桦 *BpGT14* 基因表达载体及 RNA 干扰载体的构建及遗传转化，获得了 pRNAi-GG-*BpGT14* 转基因白桦，RNAi 白桦茎横截面中木质部面积增加了 23%~47%，而韧皮部面积比例无明显变化。木质部中导管面积为对照的 1.53~2.83 倍，韧皮纤维面积比例无变化。

干扰白桦半纤维素、果胶质的含量显著降低，相比野生型分别减少了约 40%和 10%，这说明 *BpGT14* 在植物半纤维素、果胶质等细胞壁多糖合成中具有重要作用。第 6 章主要利用亚硫酸盐测序法，分析了白桦愈伤再生途径中 *BpGT14* 基因、启动子及编码区 DNA 甲基化水平及顺式元件甲基化位点的动态变化，并分析了 *BpGT14* 基因表达量的变化趋势。

本书的研究和出版得到了国家自然科学基金（31200463）和中央高校基本科研业务费专项资金项目等课题资助，特致诚挚谢意。同时，特别感谢参加上述课题的工程师贾洪柏、高级工程师齐凤慧及各位付出辛勤汗水的研究生——李蕾蕾、孙丰坤、周姗、李晓一、李思达、陈晓慧。

我们希望本书的出版为本研究领域的科研工作者和学生提供有价值的指导和参考。由于分子生物学领域发展迅速，本书难免存在不足或疏漏，敬请读者批评指正。

著　者

2017 年 3 月 20 日

目　　录

1 绪　　论

1.1　糖基转移酶简介

糖基转移酶（glycosyltransferase，GT）是一个重要的功能多样化酶家族，与多糖和糖苷的合成密切相关。植物逐渐进化形成了 GT 大家族，这个大家族在植物的生长和发育过程中催化糖基化的一系列反应(Lao et al.,2014)。根据 Carbohydrate-Active enZYmes（CAZy）数据库，模式植物拟南芥基因组中编码了超过 450 个糖基转移酶，而水稻基因组包含 600 个成员（Coutinho et al.，2003）。

糖基转移酶（GT；EC 2.4.x.y）可以催化活性糖基从供体分子转移到受体分子，如糖类、核酸、脂质、蛋白质及各式各样的有机化合物(Vogt and Jones，2000)。糖基转移酶一般在 C 端保守，C 端被普遍认为是识别糖基的区域，而 N 端因其不保守性则被认为是底物的识别位点（Lairson et al.，2008）。糖基化对于生物体是一个关键的反应，到目前为止，CAZy 数据库定义了超过 97 个 GT 家族（http://www.cazy.org/）。复杂的碳水化合物的合成在植物体内尤为重要，这些物质控制植物体内各种分子功能、细胞与细胞的相互作用、信号及蛋白糖基化（Yonekura-Sakakibara and Hanada，2011）。寡糖和多糖的合成涉及几百种不同的糖基转移酶，它们可以将糖基从活化的供体分子转移到受体，糖基化特异性的目标分子（Breton et al.，2006）。因此，所有这些糖基转移酶家族在植物细胞的结构和功能方面均扮演着重要角色。

1.2　糖基转移酶功能

1.2.1　植物防御反应

植物小分子糖基化对植物耐受逆境有着重要意义。拟南芥中一种糖基转移酶 UGT73B2 被证明与植物氧化胁迫抗性有关（Kim et al.，2010），烟草中的一种糖基转移酶能够糖基化羟基香豆素、羟基甲氧基香豆素和羟基肉桂酸，并且在超敏反应中，水杨酸能够上调其表达（Fraissinet-Tachet et al.，1998）。同时有研究发现，在拟南芥中过表达 *UGT74E2* 糖基转移酶基因会使植物的抗旱及抗盐性增强（Tognetti et al.，2010）。尽管已有研究表明了糖基转移酶基因与植物逆境胁迫相关，但其中的具体机制目前尚不清楚。

1.2.2 植物次生代谢产物修饰

植物次生代谢产物对植物的生长发育具有重要的作用，而糖基化对于次生代谢产物的形成有着关键意义。大量的次生代谢产物具有多种糖型，这些糖型可以影响它们的物理和化学特性（周文灵等，2009）。目前，已经发现大量参与次生代谢物形成的糖基转移酶。拟南芥中，两个糖基转移酶基因 *UGT73C6* 和 *UGT78D1* 被发现与黄酮醇糖苷物的生物合成相关（Jones et al.，2003）。甜叶菊的叶子中有大量双萜化合物积累，而这些化合物不同位置的糖基化导致了其口感的不同（Richman et al.，2005）。同时有研究表明，部分糖基转移酶在植物苯丙烷途径中扮演着重要的角色，它们可以通过糖基化改变分子的水溶性等各种特征，起到调控作用（王会勇，2013）。植物木质素的合成前体为苯丙烷衍生物，这意味着糖基转移酶对植物木质素的合成具有重要调控作用。

1.2.3 植物次生细胞壁合成

细胞壁的成分中，90%左右是多糖，主要为纤维素、半纤维素和果胶类，糖基转移酶参与细胞壁组分（纤维素、半纤维素和果胶）的合成，催化各种分子的糖基化，因此对植物细胞壁的发育有着重要影响（Doblin et al.，2010；Sado et al.，2009）。GT 家族在植物中的重要功能为参与植物细胞壁多糖的合成。细胞壁中最丰富的多糖是纤维素，一种线性聚合物，可以通过纤维素合酶 GT2 家族成员（CESA）在质膜中合成（Liu et al.，2012）。多糖是具有分支的结构体，在高尔基体通过编码合成大量 GT 家族成员后分泌到细胞壁形成弯曲交联结构。蛋白质的糖基化发生在内质网和高尔基体，这是翻译后修饰的一个最普遍体现（Yang et al.，2013a）。目前，对杨树中糖基转移酶的研究较为广泛，对其转录图谱进行分析发现，多个基因对植物次生细胞壁具有重要作用，同时分析发现，糖基转移酶在杨树木质部中参与了碳水化合物的合成和重构，进而直接影响木质部的发育（Williamson et al.，2002）。

1.2.4 植物激素平衡

植物体内的激素水平平衡对于植物的生长发育及对外界环境的响应具有重要的意义（王军和侯丙凯，2008）。目前在植物体内，众多激素的糖苷物均已被发现，这表明激素的糖基化对于体内激素的调节有着重要的意义（Woodward and Bartel，2005）。目前认为，糖基化可以使激素活性降低或者消失（王军和侯丙凯，2008）。拟南芥中对于 *UGT84B1* 基因的过表达植株研究表明，该基因可导致植株生长素缺失（Jackson et al.，2002），而赤豆中的一个脱落酸糖基转移酶体外研究表明，该基因产物可以使反式脱落酸糖基化（Xu et al.，2002）。目前，在烟草中，对水杨酸的糖基化研究较为全面，同时拟南芥中也发现了水杨酸诱导的糖基转移酶（王军和侯丙凯，2008）。

1.3　糖基转移酶 14 研究进展

糖基转移酶 14 家族属于糖基转移酶超家族，该家族在植物细胞壁合成中扮演着重要角色（Richmond，2000）。对于生物乙醇的生产，细胞壁是最丰富的纤维素生物质来源，因此对糖基转移酶 14 调控细胞壁生长发育的研究，对于生物能源的开发具有重要的研究意义（Cao et al.，2008）。在拟南芥、水稻、杨树、高粱和葡萄中（表 1-1），共鉴定了 62 个 *GT14* 基因和 106 个 *DUF266* 基因（目前有假设称，DUF266 蛋白是一个新的 GT 分类，与 GT 相关，命名为 GT14-like）（Yang et al.，2008）。对于这些 *GT14* 基因的系统发育分析将 *GT14* 和 *GT14-like* 基因分到了两个不同的类别，但蛋白结构域、3D 构型和基因表达分析揭露出两个类别均属于一个家族，因此，将其命名为 *GT14/GT14-like* 家族，包括两个亚家族（Ye et al.，2011）。

表 1-1　不同物种中 *GT14* 和 *GT14-like* 基因数目

亚家族	拟南芥	水稻	杨树	高粱	葡萄	总计
GT14	11	12	17	12	10	62
GT14-like	22	19	27	22	16	106
合计	33	31	44	34	26	168

在拟南芥和杨树中，一半的 *GT14/GT14-like* 基因在茎和木质部优先表达，暗示其在细胞壁合成中的重要作用（Yang et al.，2013a）。AtGLCAT14A 是拟南芥 GT14 家族的一个蛋白质，拟南芥中有 11 个蛋白质属于这个家族，敲除该基因的突变体幼苗的胚轴和根的生长率提高，表明该基因可能与细胞伸长相关（Liu et al.，2012）。

1.3.1　GT14/DUF266（GT14-like）蛋白的鉴定

为了验证 GT14 和 DUF266（GT14-like）蛋白是属于同一个具有特殊支链蛋白结构域家族的假说，作者用 HMMER-InterProScan 的方法在 5 个已测序的植物物种中获得了所有含有支链结构域的蛋白质序列（Yang et al.，2008）。5 个已测序的植物物种包括一年生拟南芥（双子叶植物）、水稻（单子叶植物）、杨树（多年生双子叶植物）、高粱（单子叶植物）和葡萄（多年生双子叶植物），该研究共鉴定出 168 个含有支链结构域的非冗余的全长蛋白质序列，其中拟南芥中有 33 个、水稻中有 31 个、杨树中有 44 个、高粱中有 34 个、葡萄中有 26 个。蛋白质序列的长度为 75～651 个氨基酸，平均长度为 376 个氨基酸。用 HMMER-InterProScan 的方法所得到的蛋白质包含 CAZy 数据库中 11 个拟南芥 GT14 家族的蛋白质和水稻 GT 数据库中 12 个 GT14 家族的蛋白质，这表明基因筛选的方法是有效的。

1.3.2 *GT14* 和 *GT14-like* 基因系统发育的关系

对获得的 168 个含有支链蛋白结构域的全长蛋白质序列构建系统进化树，结果如图 1-1A 所示，这 168 个蛋白质主要被分成两个进化枝，分别被命名为 GT14 和 GT14-like。GT14-like 蛋白先前被称为 DUF266 蛋白，可被分成 5 组（A1～A5），GT14 蛋白可被分成 8 组（B1～B8）。用 InterProScan 软件对这 168 个 GT14 和 GT14-like 的蛋白质序列进行功能分析（Hunter et al.，2009），共鉴定出 3 个蛋白结构域：核心-2/1-分支酶功能域（IPR021141），GT14 结构域（IPR003406），以及一个钙离子结合位点结构域（IPR018247）。如图 1-1B 所示，这三种结构域组成两种类型的域结构，第一种类型是只含有支链结构域，第二种类型是既含有支链结构域又含有 GT14 结构域。GT14 蛋白的系统发育的进化枝只包含第二种类型的域结构，GT14-like 蛋白的进化枝只包含第一种类型的域结构（图 1-1A）。域结构分类和系统发育分类之间的一致性验证了系统进化分析的结果。

1.3.3 *GT14* 和 *GT14-like* 基因的进化

从图 1-1A 中的系统进化树中可以看出，在 *GT14* 及 *GT14-like* 的进化枝中，双子叶植物中的基因数量是单子叶植物中的 1.5 倍。然而在一些系统进化组中双子叶植物与单子叶植物基因数量的比率是不同的，如 A1-1 组中，双子叶植物有 17 个基因，单子叶植物有 2 个，B2 组中只有双子叶植物，这表明 *GT14* 和 *GT14-like* 亚家族在双子叶植物（A1 组和 B2 组）和单子叶植物（A2 组和 B1 组）中均经历基因谱系特异性的扩增。此外，B8 组包含单子叶植物水稻和高粱的基因，以及仅有的双子叶植物杨树的基因，这可能表明其他两个双子叶植物（拟南芥和葡萄）基因组中谱系特异性基因丢失。

1.3.4 *GT14* 和 *GT14-like* 基因的表达模式分析

为了研究拟南芥和杨树中 *GT14* 及 *GT14-like* 基因的功能多样性，我们使用公共微阵列数据对其组织特异性表达模式进行了分析。基于其表达模式的相似性，

拟南芥中的 *GT14* 和 *GT14-like* 基因被分为 6 个共表达簇（图 1-2A），例如，簇 1
在根和茎中表现出优势；簇 2 在叶中显示低水平的基因表达（图 1-2A）。杨树 *GT14*
和 *GT14-like* 基因被分为两个共表达簇：一个在花中显示优先表达（即雌性和雄性
两性），另一个在木质部中优先表达（图 1-2B）。大多数表达簇均包含 *GT14* 和

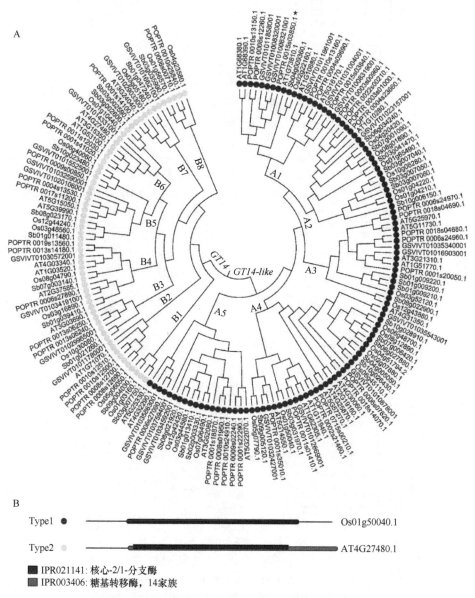

图 1-1　拟南芥、水稻、杨树、高粱、葡萄中的 *GT14* 和 *GT14-like* 基因的
系统发育关系（A）及蛋白质结构域（B）（彩图请扫封底二维码）

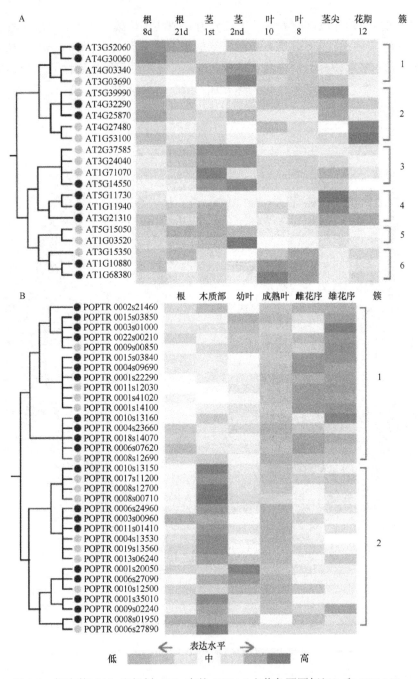

图 1-2 拟南芥（A）和杨树（B）中的 *GT14*（由黄色圆圈标记）和 *GT14-like*（由红色圆圈标记）基因的聚类（彩图请扫封底二维码）

根 8d 表示第 8 天的根；根 21d 表示第 21 天的根；茎 1st 表示第一段茎；茎 2nd 表示第二段茎；
叶 10 表示第 10 片叶子；叶 8 表示第 8 片叶子；花期 12 表示第 12 个花期

GT14-like 基因（图 1-2A，B）。这表明 *GT14* 和 *GT14-like* 基因均参与了植物中与根、茎/木质部和花发育相关的生物过程。杨树的木材形成可以沿着茎的横截面从外侧到内侧划分为 5 个发育区（A～E）。杨树微阵列数据库的有限数据揭示了两个亚家族在木材形成过程中表达模式的微妙差异，*GT14* 亚家族优先在区域 D、E 中表达，*GT14-like* 亚家族优先在区域 A～C 中表达（图 1-3）。

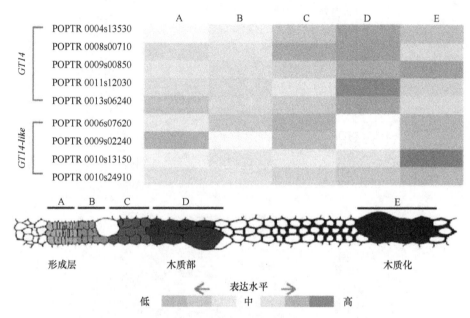

图 1-3　木材形成过程中杨树的基因表达（彩图请扫封底二维码）

A～E 区域表示从 PopGenIE 采集的样本的位置

　　为了了解 *GT14* 和 *GT14-like* 亚家族的系统发育谱系的功能多样性，对系统发育背景下拟南芥和杨树的组织特异性表达模式进行了研究，结果表明拟南芥中一些重复的基因对显示出了不同的表达谱。例如，AT1G53100 基因优先在花和根中表达，而其旁系同源基因 AT3G15350 优先在叶中表达；AT5G39990 基因优先在根和茎顶表达，而其旁系同源基因 AT5G15050 优先在茎中表达（图 1-4A）。与拟南芥基因相比，杨树 *GT14* 和 *GT14-like* 基因在组织特异性表达模式中表现出较小的差异，其中大多数基因优先在木质部和花序中表达（图 1-4B）。而 POPTR 0008s12690 基因的表达就是杨树中重复基因差异表达的一个实例，其优先在根、木质部和雌、雄花序中表达，而其旁系同源基因 POPTR 0008s12700 则优先在木质部和雄花序中表达（图 1-4B）。这些差异表达的数据揭示了重复基因的亚功能化（Force et al.，1999；Hovav et al.，2008；Yang et al.，2006）。

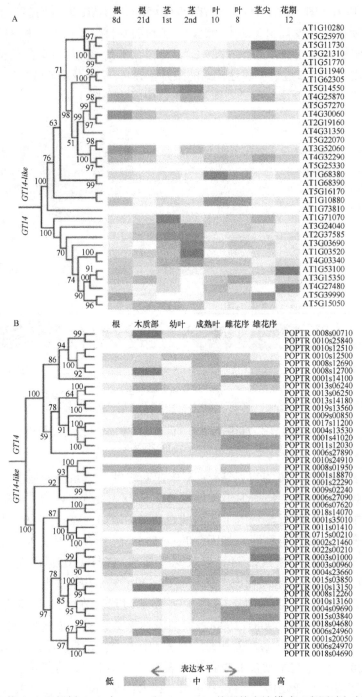

图 1-4 拟南芥（A）和杨树（B）中 *GT14* 和 *GT14-like* 基因的表达模式（彩图请扫封底二维码）
拟南芥基因表达数据来自 AtGenExpress（http://www.weigelworld.org/），杨树基因表达数据来自
杨树 eFP（http://www.bar.utoronto.ca）

　　将 *GT14* 和 *GT14-like* 亚家族中拟南芥/杨树直系同源基因的表达进行对比。与 *GT14* 基因相比，*GT14-like* 基因在拟南芥和杨树之间显示出较不保守的组织特异性表达模式（图 1-5）。

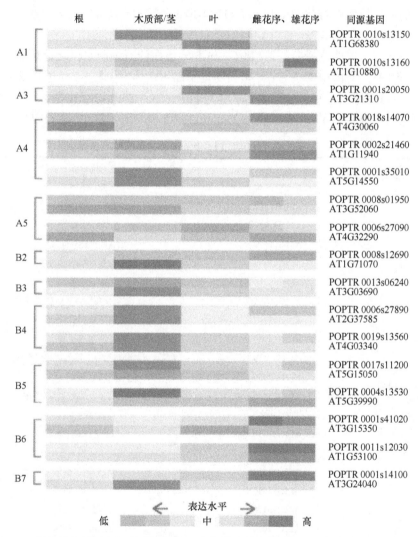

图 1-5　拟南芥和杨树之间直系同源基因表达模式的比较分析（彩图请扫封底二维码）

A1～A5 和 B2～B7 是图 1-1 中定义的系统发生基团，杨树基因和拟南芥基因的名称分别
以"POPTR"和"AT"开始

1.3.5　GT14 蛋白质三维结构及亚细胞定位

　　在拟南芥 *GT4/GT14-like* 系统发育中的每个系统发育群体中选择具有代表性的基因，利用 I-TASSER 软件对其所编码的蛋白质的三维结构进行预测，并使用

TM-align 程序对蛋白质的三维结构进行成对比对。结果显示,所有具有代表性的蛋白质之间的 TM 分数(反映两种蛋白质拓扑结构的相似性)均大于 0.65,表明这些蛋白质在结构上彼此相似,因为 TM 分数>0.5 表示这两个结构具有相同的折叠。然而,系统发育进化枝 GT14 和 GT14-like 之间的平均 TM 分数(0.71)明显低于进化枝 GT14(0.77)/GT14-like(0.82)蛋白质的数值。

使用 YLoc 软件对拟南芥 GT14/GT14-like 蛋白的亚细胞定位进行预测。预测结果显示几乎所有的拟南芥 GT14 蛋白均位于高尔基体中(表 1-2),这与先前的研究结果一致,表明 GT 通常位于高尔基体(Perrin et al.,2001)。相比之下,GT14-like 家族蛋白的定位并不完全一致,大多数定位在高尔基体和质膜中(表 1-2)。

表 1-2   拟南芥中 GT14/GT14-like 蛋白的亚细胞定位预测

亚家族	基因名称	预测位置
GT14-like	AT1G10280.1	高尔基体
	AT1G10880.1	细胞质和细胞核
	AT1G11940.1	高尔基体
	AT1G51770.1	质膜和细胞外间隙
	AT1G62305.1	高尔基体
	AT1G68380.1	细胞质膜
	AT1G68390.1	过氧化物酶体和质膜
	AT1G73810.1	细胞质和质膜
	AT2G19160.1	高尔基体
	AT3G21310.1	质膜、过氧化物酶体、细胞质和细胞外间隙
	AT3G52060.1	高尔基体
	AT4G25870.1	过氧化物酶体、细胞质和细胞核
	AT4G30060.1	高尔基体
	AT4G31350.1	高尔基体和质膜
	AT4G32290.1	质膜
	AT5G11730.1	质膜和高尔基体
	AT5G14550.1	高尔基体
	AT5G16170.1	过氧化物酶体
	AT5G22070.1	质膜和高尔基体
	AT5G25330.1	质膜和高尔基体
	AT5G25970.1	质膜和细胞外间隙
	AT5G57270.1	高尔基体
GT14	AT1G03520.1	高尔基体
	AT1G53100.1	细胞质
	AT1G71070.1	高尔基体

亚家族	基因名称	预测位置
GT14	AT2G37585.1	高尔基体
	AT3G03690.1	高尔基体
	AT3G15350.1	高尔基体
	AT3G24040.1	细胞质和细胞核
	AT4G03340.1	高尔基体
	AT4G27480.1	高尔基体
	AT5G15050.1	高尔基体、细胞质、过氧化物酶体和线粒体
	AT5G39990.1	高尔基体

1.4　植物启动子研究

1.4.1　启动子结构及功能

在生物体内，基因的功能与其表达量密切相关，而基因表达的调控，很大程度上取决于启动子的调控（Bajoghli et al.，2004）。因此，对于基因启动子的研究，对基因功能的鉴定有着重要意义。启动子是指基因编码区上游的一段 DNA 序列，RNA 聚合酶可以识别并与之结合启动转录（Rhoades et al.，1992）。启动子一般包括一些特定的区域。TATA 框（TATA box）区域富含 AT 序列，是启动子的核心区域，它是 RNA 聚合酶 II 的识别位点，而 CAAT 框（CAAT box）区域是一段可以提高转录效率的片段（Bajoghli et al.，2004）。同时，启动子序列一般还包含一段富含 A/T 碱基对的序列，大多对植物具有正调控作用，但也有部分研究表明，一部分序列对植物基因产生负调控作用（Zhao et al.，2005）。

植物启动子根据其作用方式的不同，一般分为组成型、诱导型及组织特异性启动子（Zhong and Ye，2001）。组成型启动子一般不受时间、部位及外界环境的诱导，在植物体内表达无明显差异；而诱导型启动子则不同，它在受到特定因素的刺激后，会使基因表达产生大幅度的提高；组织特异性启动子就是在植物特定器官及部位才能启动表达的启动子（王璇，2015）。同时还有两类比较特殊的启动子，即可变启动子和双向启动子（胡廷章等，2007）。

1.4.2　启动子克隆方法

目前，启动子的克隆方法有很多，一般可以分为两类（王璇，2015）。一类是通过文库范围内的筛选，对未知启动子进行克隆，包括启动子陷阱等技术，此类方法工作量大，且耗费资金，但其不需要设计引物，且一次可获得大量启动子序列（王莹等，2007）。另一类就是基于 PCR 技术的启动子克隆方法，包括反向 PCR（inverse PCR）、锚定 PCR（anchored PCR）及染色体步移技术 SiteFinding-PCR 等（Zeng et al.，2010）。本研究选取了 SiteFinding-PCR 法进行启动子的克隆，该方法具有简单且高效的特点（Tan et al.，2005）。

1.4.3　启动子的应用

由于启动子对基因的表达具有重要的调控作用，因此对启动子的研究有着重要意义（Bajoghli et al.，2004）。组成型启动子具有不受外界环境影响的高表达特性，因此其可以在一定程度上改善植物中特定基因低表达的不足（Benfey and Chua，1990）。诱导型启动子在植物体内具有器官及组织特异性表达的特征，在进行基因工程操作时，该启动子可以使目的基因在特定组织器官表达，减少其对其他部位的影响（胡廷章等，2007）。诱导型启动子还具有专一使目的基因表达，诱导植株开花结实等应用价值（Gatz，1996）。

1.5　转录因子研究

1.5.1　转录因子简介

基因的表达受到转录及翻译调控，而转录调控表现在基因表达的初期（罗赛男等，2005）。由于启动子在基因表达的过程中具有重要的作用，而转录因子与启动子的结合对启动子具有重要调节作用，因此目前对转录因子的研究已成为热点问题。转录因子是一类可以与启动子上的顺式作用元件相结合的蛋白，又称为反式作用因子，它可以调节基因的表达，应答外界环境对生物体的影响及对基因进行时空特异性表达（郭晋艳等，2011）。

从转录因子蛋白的结构分析，一般的转录因子含有 4 个功能域，包括 DNA 结合域、转录调控域、寡聚化位点及核定位信号。但不同的转录因子可能缺少其中某一功能域，如 DNA 结合域或者转录调控域（刘强和张贵友，2000）。转录因子通过这些功能域，可以和特定的顺式作用元件结合，调控基因的表达（刘强和张贵友，2000）。

1.5.2　转录因子分类及功能

转录因子一般可以分为普遍性转录因子及特异性转录因子，普遍性转录因子可以与启动子形成转录复合体，启动基因的表达（罗赛男等，2005）。而特异性转录因子，则可以与启动子上特异性的元件结合，调控基因的表达（刘良式等，1998）。

一般又可以根据 DNA 结构域的不同，将转录因子分为多个类型，包括 bZIP 类、MYB 类、WRKY 类、bHLH 类及 Zn 指结构域等（Singh et al.，2002）。

目前对转录因子功能的研究结果表明，转录因子对于植物的生长发育具有重要的调节作用，包括提高植物抗逆性，参与调节次生代谢及植物发育过程中的形态建成等（罗赛男等，2005）。因此，植物启动子的研究对于植物性状的改良具有重要意义。

1.6　转录因子与启动子互作研究方法

1.6.1　酵母单杂交

酵母单杂交（yeast-one-hybrid）技术是通过捕获蛋白与诱饵序列的结合，筛选转录因子与 DNA 顺式作用元件的互作结合（图 1-6）（Deplancke et al.，2004）。其原理为构建一个元件载体，整合进入诱饵酵母，随后将文库 cDNA 转化诱饵酵母细胞，每一个 cDNA 都含有一个蛋白标签，当 cDNA 编码的蛋白与诱饵序列结合时，蛋白标签便会激活筛选基因的表达，以此筛选与已知 DNA 序列结合的转录因子（Reece-Hoyes and Walhout，2012）。

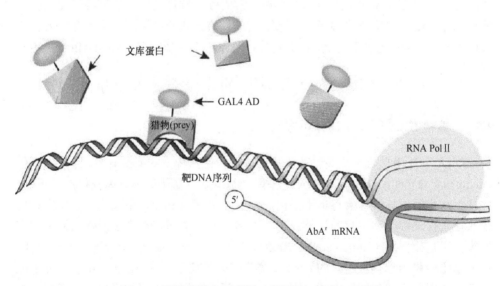

图 1-6　酵母单杂交原理图（彩图请扫封底二维码）

酵母单杂交实验过程简单、耗时短，能直接识别并找出与特异顺式作用元件相结合的蛋白及其编码序列，而不需通过制备、纯化蛋白或抗体等烦琐的生化手段来建立这种相互作用关系，并使后续的基因功能鉴定不再难以进行，从而更进一步地了解真核生物体内的基因表达调控；另外，酵母属于真核生物，在酵母体内进行研究更接近真核生物基因表达调控的真实情况，同时蛋白质处于自然构象，避免了体外研究的不足（Reece-Hoyes and Walhout, 2012）。但其仍存在一些缺点。酵母与一些高等真核生物相比，缺乏一些高等生物所特有的修饰过程。在酵母中发生的 DNA-蛋白质相互作用，能否在植物细胞核内发生还需要进一步证实。通过该系统筛选得到的蛋白质是否对含有顺式作用元件的基因表达产生影响，还需要进行相应的功能鉴定。

1.6.2　免疫共沉淀

免疫共沉淀（ChIP）技术是用于研究活体状态下转录因子蛋白与启动子顺式作用元件结合的方法，并且是在染色质水平最有效的手段（Solomon et al., 1988）。其基本原理为固定 DNA-蛋白质的复合体，而后在染色质水平将其打碎成小片段，通过免疫学方法使其特异性沉淀，最终获得特异性蛋白与 DNA 结合的复合物，对其进行分离鉴定（Orlando et al., 1997）。

ChIP 技术更加真实、完整地反映结合在 DNA 序列上的调控蛋白，是目前确定与特定蛋白结合的基因组区域或确定与特定基因组区域结合的蛋白质的最好方法。但 ChIP 方法确定蛋白质-DNA 互作非常依赖于抗目的蛋白的高特异性抗体的获得，这对 ChIP 方法的结果至关重要，同时，该方法的结果还取决于互作蛋白的表达水平，若其表达水平过低，对研究结果同样会产生影响（Kuo and Allis, 1999）。

1.7　植物 DNA 甲基化的作用方式及功能

1.7.1　植物 DNA 甲基化的作用方式

DNA 甲基化主要有从头甲基化和维持甲基化两种方式（图 1-7）。维持甲基化（maintenance methylation）是 DNA 半保留复制中以甲基化的母链为模板形成子链，维持甲基化的甲基转移酶将半甲基化的位点 CpG 和 CpNpG 甲基化，它使甲基化模式在发育过程中和后代间保持稳定。拟南芥的亲本印记在许多世代间持续就需要维持甲基化作用（Jullien et al., 2006）。从头甲基化（*de novo* methylation）是将甲基基团转移到没有甲基化的 CpG 二核苷酸胞嘧啶上。但是，从头甲基化并不能同等地作用于全部基因组区域。因此，一种假设认为从头甲基化的发生需要一些辅助因子，如拟南芥基因组的全甲基化必须有 SNF2 蛋白质的参与（Jeddeloh et al., 1999）；另一种假设认为从头甲基化取决于 DNA 模板本身（Okuwaki and Verreault, 2004），某种环境下，特定的 DNA 重复序列能够促进其进行。因此，植物中的重复序列和反向重复序列都能成为启动子甲基化和转录水平基因沉默的目标。

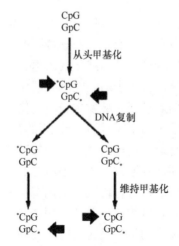

图 1-7　胞嘧啶甲基化（Wada et al.，2003）

*代表甲基化修饰

1.7.2　植物 DNA 甲基化的功能

1.7.2.1　基因组防御

DNA 和转座子等能够通过抑制自身的胞嘧啶甲基化来保护基因组。多数真核生物都能发生 DNA 甲基化，也都有甲基转移酶，以此进行基因组防御。原核生物的限制性修饰系统能选择性地降解外源 DNA。并且研究发现，真核生物的甲基转移酶与原核生物的限制性修饰系统在结构上是同源的（Bird，2002）。因此，有机体的原始祖先很可能就是通过 DNA 甲基化进行基因组防御的。

1.7.2.2　调控基因表达

DNA 甲基化也可以调控内源基因的特定表达。研究表明，核糖体 RNA 的基因中包含数百个拷贝，这些拷贝随机地表现沉默。然而用 DNA 甲基化抑制剂 5-氮胞苷处理后，沉默的 rRNA 基因恢复了表达，说明 DNA 甲基化抑制了 rRNA 基因的表达。另外，植物启动子区域的 DNA 甲基化也能抑制转录，而编码区的甲基化一般对基因表达没有影响。目前发现，几乎所有的转基因沉默现象都与转入的外源基因或其启动子区域的甲基化有关。

1.7.2.3　DNA 甲基化调控发育

DNA 甲基化模式的时空变化是植物正常生长和发育所必需的（Fu et al.，2004）。DNA 甲基化通过调控基因表达，进而参与调控植物的新陈代谢和生长发育进程。甲基化水平随植物生长发育进程和环境条件的改变而发生变化。甲基化水平过高或过低都会引起生长发育的异常。一般情况下，当基因处于表达状态时，甲基化水平往往较低，随着生长发育的需要就会在该基因的编码区或启动子发生从头甲基化将其关闭，抑制基因的转录，从而终止其表达。处于沉默状态的基因也会根据生长发育的需要进行活化，启动表达。在基因活化的过程中，某些因子能识别甲基化的序列，使该基因的启动子区域发生去甲基化，因此能与某种反式作用因子发生相互作用，使启动子区域变得对 DNase 高度敏感，基因进一步活化，转录表达即开始启动。植物就是通过这种方式在不同的环境条件和生育时期调控基因表达的。在胚胎形成的早期，普遍发生了基因组的非特异性去甲基化过程。细胞内新的甲基化模式一旦建成，即可以通过甲基化酶保持其甲基化的形式，并传递给所有子细胞 DNA 分子，这种维持甲基化作用与具有组织和发育阶段的特异性去甲基化过程共同调控着植物的生长发育。陈小强和王春国（2007）发现，大花蕙兰子房授粉后发育过程中 DNA 甲基化和去甲基化是同时存在的，通过 DNA 甲基化调控基因的转录，开启或关闭特定基因的表达以促进子房的发育。

1.7.2.4 DNA 甲基化是植物生长发育过程必需的

DNA 甲基化是植物生长发育过程中必需的，所以植物体内的 DNA 甲基化数量和程度往往不同。已有研究发现，植物生长过程中甲基化水平的不足，可能产生生长发育的表型异常。如用甲基化抑制剂 5-氮胞苷（5-azaC）处理水稻种子和甘蓝幼苗后，植株 DNA 甲基化水平下降，并出现叶变小、矮化、株呈丛状等异常表型（King，1995；Sano et al.，1990）。用一定浓度的 5-azaC 处理菊花的茎尖，可以抑制丛生芽的产生，并且植物根的产生和生长也受到影响（Nie and Wang，2007）。这些都说明在植物生长发育过程中 DNA 甲基化扮演着十分重要的角色。

1.8 木本植物不同发育阶段 DNA 甲基化水平和模式的变化

树木胚后生长一般包括幼年营养生长、成年营养生长和成年生殖生长 3 个阶段。每个发育阶段由许多发育程序调控，它们独立调节而又相互交错（Clemens et al.，1999；Aderkas and Bonga，2000）。相应发育阶段的保持则是由 DNA 甲基化和后生细胞的状态等细胞内部因素调节的（郭长花和康向阳，2008），而发育阶段的转变则由特定的基因是否转录表达来调控。表观遗传学是能通过有丝分裂或减数分裂来传递除 DNA 序列之外遗传信息的现象。DNA 甲基化是重要的表观遗传修饰之一，在细胞分化、基因表达调控、系统发育等多个进程中发挥重要作用。DNA 甲基化能够影响基因的时空性表达、基因的转录及植物个体发育的阶段转变。处于高表达水平的基因甲基化水平通常较低，生长发育需要关闭时，能通过从头甲基化抑制转录，终止表达（Wassenegger，2004）。Ishfaq 等（2000）发现，基因组 DNA 重复序列的甲基化能使幼苗由营养生长转向生殖生长。

1.8.1 DNA 甲基化与木本植物的年龄

近年来，针对植物不同发育阶段基因组 DNA 甲基化水平和模式变化的报道越来越多。植物不同发育阶段的多胺含量、植物激素、DNA 甲基化和特异蛋白质的表达水平都有差异（Ford et al.，2002；Andres et al.，2002；Tanimoto，2005）。一般来说，无论是裸子植物还是被子植物，随着年龄的增加，DNA 甲基化水平呈上升趋势，木本植物也是如此。幼年植株通过改变特定基因的甲基化状态，从而调控基因表达，而逐渐成熟，因此成年植株甲基化水平较高，只有通过去甲基化处理复壮才更利于离体再生，如图 1-8 所示（Luis et al.，2007）。Fraga 等（2002）对辐射松的研究发现，不同发育阶段甲基化程度不同，幼年的 DNA 甲基化水平

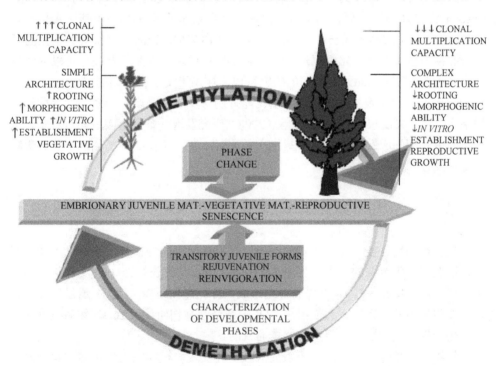

图 1-8　DNA 甲基化与木本生长发育的关系（Monteuuis，1989a）

CLONAL MULTIPLICATION CAPACITY：无性繁殖力；SIMPLE ARCHITECTURE ROOTING：简单结构生根；MORPHOGENIC ABILITY *IN VITRO*：体外形态发生能力；ESTABLISHMENT VEGETATIVE GROWTH：营养生长建立；COMPLEX ARCHITECTURE ROOTING：复杂结构生根；METHYLATION：甲基化；DEMETHYLATION：去甲基化；PHASE CHANGE：阶段转变；EMBRIONARY：胚胎期；JUVENILE：幼苗期；MAT.-VEGETATIVE：营养生长期；MAT.-REPRODUCTIVE：生殖生长期；SENESCENCE：衰老期；TRANSITORY JUVENILE FORMS REJUVENATION：短暂的幼苗期；REINVIGORATION：复壮；CHARACTERIZATION OF DEVELOPMENTAL PHASES：发育阶段特征

为 30%～50%，而成年为 60%（Monteuuis，1989a）；Fraga 等（2002）又通过重复嫁接使成年组织复壮，发现经 4 次连续嫁接后，甲基化水平下降35%。这说明 DNA 甲基化水平可能与幼年植株的形态建成相关，DNA 甲基化水平随着年龄增加呈上升趋势。

1.8.2　DNA 甲基化与木本植物的花期、休眠和育性

木本植物中，DNA 甲基化的水平和模式也影响花期、休眠和育性。研究表明，春化作用和甲基化程度的降低都能促使植物提早开花，而且两者有加成作用（侯雷平和李梅兰，2001）。Burn 等（1993）加入去甲基化试剂 5-氮胞苷（5-azaC）使沉默的 rRNA 基因恢复了功能，从而使植物提早开花，说明正是诱导开花的相关基因或其启动子区域的甲基化，抑制了 rRNA 基因的表达，抑制植物提早开花。Hasbun 等（2005）对栗树的根研究发现，休眠状态的根 DNA 甲基化水平最高（23%），其次是成熟根（15%），幼根的最低（13.7%）。Luis 等（2006）也报道了休眠的芽中包含的甲基化组织最多，说明 DNA 甲基化程度的升高也可以导致休眠。Manning 等（2006）对番茄的研究发现，控制果实发育基因的 Cnr（colorless non-ripening）位点发生 DNA 超甲基化能抑制果实成熟，产生一系列变异性状，如果实无色、果皮缺乏。Teyssier 等（2008）研究发现，番茄果实成熟过程中，从果实的裂开期到成熟红色期，甲基化水平升高，说明 DNA 甲基化水平能够影响果实的发育和成熟。

1.9　木本植物离体繁殖过程中的 DNA 甲基化模式重建

植物组织培养技术是以植物的细胞、组织和器官为外植体，进行人工体外培养，以获得再生植株的技术。如图 1-9 所示，以温室生长植株（GP）作为母本，培养成芽增殖植株（PS），首先脱分化形成未分化愈伤组织（UC），通过诱导具有器官发生潜力的器官发生愈伤组织（OC）或胚性愈伤组织（EC），然后再分化形成再生植株，达到快速获得再生植株的目的。

植物组织培养是无性繁殖，然而大量研究发现，植物的组织培养过程伴随着广泛的表观遗传变异，如黑麦（Ahloowalia and Sherington，1989）、甘蔗（Heinz and Mee，1969）、大麦（Devaux et al.，1993）、玉米（Brown，1989）、马铃薯（Harding，1994）、甜菜（Causevic et al.，2006）、番茄（Smulders et al.，1995）、豌豆（Smykal，2007）、菊花（聂丽娟等，2008）等。植物的衰老可能是由胞嘧啶和组织形态学状态改变引起的（Monteuuis，1989b；Monteuuis and Genestier，1989），组织培养能够减缓很多物种的年龄老化并影响其发育（Monteuuis，1984），究其原因，可能

是对细胞来说离体培养算是一种非生物胁迫，而在应对环境胁迫时，多数植物会发生基因型和表现型的改变（Jain，2001；Guo et al.，2007）。通过对特定的 DNA、组蛋白进行修饰或染色质重塑调控植物的生长发育。其中，DNA 甲基化水平和模式的改变扮演着十分重要的角色。

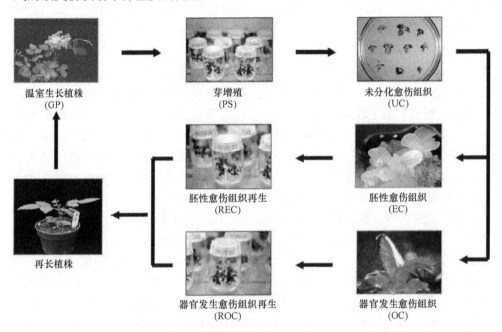

温室生长植株
(GP)

芽增殖
(PS)

未分化愈伤组织
(UC)

胚性愈伤组织再生
(REC)

胚性愈伤组织
(EC)

再长植株

器官发生愈伤组织再生
(ROC)

器官发生愈伤组织
(OC)

图 1-9 玫瑰再生植株形成过程（Xu et al.，2004）

1.9.1 组织培养植株与野生植株的 DNA 甲基化水平和模式差异

木本植物的组织培养过程中也伴随着 DNA 甲基化模式的变化。一般情况，木本植物再生植株的 DNA 甲基化水平低于正常生长的植株。Kubis 等（2003）对油椰子的研究发现，组织培养的植株甲基化水平低于种子发育的植株，而两者转座 DNA 元件的序列组成上几乎没有差异。说明可能是基因组甲基化类型的改变导致了特异的表型，而不是由转座元件的重排造成。Miroslav（2009）对葡萄树的研究发现，试管内培养的植株甲基化水平（8.75%）低于温室培养的植株（9.86%）。然而也有研究得出相反结论，如 Monteuuis 等（2008）对巨杉的研究发现，由成熟杉木诱导的再生植株 DNA 甲基化水平（23%）高于野生植株（13.4%）。李丽琴等（2009）发现，红豆杉脱分化后甲基化水平显著升高，嫩茎和愈伤组织 DNA 甲基化水平分别为 12.4% 和 16.2%。Li 等（2002）发现，苹果组织培养和野生型叶片 DNA 甲基化水平相似，但组织培养的根有特异的 DNA 甲基化条带。这些都说明组织培养过程确实伴随着 DNA 甲基化水平或模式的变化。

1.9.2 再生过程、体胚发生、继代培养及外植体状态与 DNA 甲基化

不仅组织培养的植株与野生植株相比发生了 DNA 甲基化重建，无性繁殖过程中再生植株的形成、愈伤组织的继代、外植体状态及体胚发生过程中 DNA 甲基化水平和模式都有变化（孟海军，2006；Jaligot et al.，2000）。对玉米（Kaeppler and Phillips，1993）、水稻（Liu et al.，2004）、油棕（Matthes et al.，2001）和玫瑰（Xu et al.，2004）等的研究表明，愈伤组织和再生植株的 DNA 甲基化水平多数较低。例如，孟海军（2006）对柑橘胚胎发生过程的研究发现，新鲜愈伤组织的 DNA 甲基化水平最低，而继代和再生过程都会使其上升。但在对豌豆和番茄（Causevic et al.，2006；Smýkal et al.，2007）的研究中发现，长期组织培养的植株 DNA 甲基化水平高于野生植株，说明组织培养过程导致了 DNA 甲基化程度增加的变异。组织培养过程中，无论是 DNA 甲基化程度的增加或降低，都说明植物无性繁殖过程中发生 DNA 甲基化水平和模式的变化。

本实验室对转基因白桦（*Betula platyphylla*）的研究发现，成功转基因并且表达的无性系植株随着继代次数的增加，出现了转基因沉默的现象，进一步通过添加去甲基化试剂 5-azac 恢复了其表达，说明可能是继代次数增多引起的 DNA 甲基化状态的改变，造成了转基因的沉默（Zeng et al.，2010）。目前为止，对转基因白桦无性系再生过程 DNA 甲基化水平和模式的研究也说明，愈伤组织的继代及再生植株形成的过程中确实伴随着 DNA 甲基化水平和模式的改变。同时发现，再生过程中 DNA 甲基化水平与很多生理指标呈正相关。与 Causevic 等（2006）对甜菜无性系的研究有相似的结论，再生过程中的 DNA 甲基化水平和模式发生改变，并且和活性氧、谷胱甘肽、反应底物、抗坏血酸（维生素 C）等 16 个生理指标呈正相关。

Klimaszewska 等（2009）对松树体胚发生过程 DNA 甲基化水平的研究发现，不同年龄的体胚 DNA 甲基化水平无明显差异。而老化体胚 DNA 甲基化水平明显升高，说明体胚发生过程中甲基化程度发生改变。Hao 和 Deng（2002）对脐橙具有体胚发生能力和失去体胚发生能力的两种愈伤组织进行研究，发现具有体胚发生能力的愈伤组织的甲基化水平低于失去体胚发生能力的愈伤组织，都说明了体胚发生过程中确实伴随着 DNA 甲基化水平的改变。

除了再生过程及体胚发生过程中存在甲基化模式的改变，不同的外植体也对 DNA 甲基化模式有影响。例如，Baurens 等（2004）研究了金合欢树幼嫩和成熟外植体离体繁殖基因组 DNA 甲基化的关系，发现幼嫩叶诱导的微芽 DNA 甲基化水平（22.4%）高于成熟叶状柄诱导的（20.7%），说明不同外植体诱导的再生植株 DNA 甲基化水平也有差异。

1.10　植物 DNA 甲基转移酶及与甲基化有关的蛋白质

DNA 甲基化和去甲基化离不开 DNA 甲基转移酶（DNA methyltransferase）的作用。植物中主要存在三类胞嘧啶甲基转移酶：甲基转移酶 1（methyltransferase 1, MET1）家族、染色质甲基化酶（chromomethylase，CMT）家族和域重排甲基转移酶（domains rearranged methyltransferase，DRM）家族（Finnegan and Kovac, 2000）。

1.10.1　MET1 家族

MET1 在转录水平上占统治地位。1993 年，从拟南芥中成功克隆出首个植物甲基转移酶基因（*MET1*），它编码的蛋白质与小鼠的 Dnmt1 同源性很高（Finnegan and Dennis, 1993）。MET1 是一种维持甲基化酶。拟南芥中，当转反义基因（Finnegan et al., 1996）或突变基因（Kakel et al., 2003）使 MET1 功能受损时，CpG 位点的甲基化水平大幅降低，由此可推断 MET1 与 Dnmt1 相似，有维持 CpG 位点甲基化的功能。另有研究表明，MET1 在 RNA 介导的从头甲基化过程中能协同其他甲基转移酶起从头甲基化的作用，说明 MET1 也有从头甲基化功能（Aufsatz et al., 2004）。

MET1 广泛存在于植物体内，目前在豌豆、胡萝卜、玉米、桃、水稻、芸苔等植物中都分离出了编码 MET1 类蛋白质的基因。*MET1* 基因既在营养器官中表达，又在生殖器官中表达，并且会随着器官的成熟而表达量下降（Fujimoto et al., 2006；Bird, 2002）。Giannino 等（2003）研究了桃 *MET1* 基因在不同组织器官中的表达情况，发现茎尖分生组织表达水平高，未展开的叶片和未木质化的枝条次之，在完全展开的成熟叶片和已经木质化的枝条中几乎不表达。这种在分生组织中高表达的结果也说明了 *MET1* 基因具有维持甲基化的作用，可能与分生细胞 DNA 的活跃复制有关。对从水稻（Teerawanjchpan et al., 2004）和油菜（Fujimoto et al., 2006）中分离得到的 *BrMET1a*、*BrMET1b*、*OsMET1-1* 和 *OsMET1-2* 基因的表达模式研究发现，不同的 *MET1* 在不同的器官中扮演着不同的角色，并由起支配作用的 *MET1* 调控基因表达。

1.10.2　CMT 家族

迄今为止，只在植物中发现了 CMT 家族，而在动物和真菌中都没有发现。目前，已从拟南芥中分离得到 *CMT1*、*CMT2* 和 *CMT3* 三个 CMT 相关基因（Finnegan and Kovac, 2000）。还从玉米（Papa et al., 2001）、油菜（Fujimoto et al., 2006）、

油棕（Rival et al.，2008）和番茄（Bird，2002）中分离得到 *CMT3* 基因（Cao and Jacobsen，2002）。*CMT* 与 *MET1* 及哺乳动物的 *Dnmt1* 结构很相似，C 端的排列顺序与 *MET1* 也一致。最早发现的编码 CMT 的基因是拟南芥的 *AtCMT3*（Henikoff and Comai，1998），*CMT* 也是多基因家族。

植物基因组在 CpNpG 位点具有高度的甲基化修饰，此位点与 CpG 位点控制甲基化的途径不同（Gruenbaum et al.，1981）。*CMT3* 突变体中的 CpCpG 位点的甲基化程度降低，而非 CpNpG 位点也出现甲基化的变化（Bender，2004），说明 CMT 家族能保持 CpNpG 位点的甲基化，并且使其他序列发生甲基化（Bartee et al.，2001）。因此，CMT3 主要起着从头甲基化的作用。与 *MET1* 突变体相比，*CMT3* 突变体没有表现出形态上的明显异常（Vanyushin，2006）。说明 CpG 位点的甲基化大多是原初存在的，在 DNA 复制过程中得以维持，而非 CpG 位点的甲基化是对它的次级补充。

1.10.3 DRM 家族

迄今为止，植物中分离得到 *DRM* 基因的有玉米（Cao et al.，2000）、烟草（Wada et al.，2003）、油棕（Rival et al.，2008）和番茄（Bird，2002）等。DRM 只在植物中被发现与哺乳动物从头甲基转移酶（DNMT3）有同源性。DRM 中的泛素结合域（ubiquitin-associated domain，UBA）在其他植物 DNA 甲基转移酶中是不存在的，说明 DRM 可能与其他蛋白质形成复合体，结合染色质，定位于特异的 DNA 靶位点上，从而在从头甲基化过程中发挥作用。

研究发现，在拟南芥 *drm1* 和 *drm2* 双突变体中，已知模式 CpG 位点的从头甲基化都有缺失（Cao and Jacobsen，2002；Chan et al.，2004）。在花期调控基因的 Flowering Wageningen （FWA）串联重复序列中，DNA 从头甲基化依赖于 siRNA，包括 RNA 依赖的 RNA 聚合酶 2（RNA-dependent RNA polymerase 2，RDR2）、RNA 聚合酶Ⅳ（RNA polymerase Ⅳ）、AGO4（Argonaute 4）和 DCL3（Dicer-like 3）（Chan et al.，2004；Xie et al.，2004）。而反向重复序列被单向转录并折叠成能被 Dicer 切割的双链 RNA，此过程引起的 DNA 从头甲基化完全依赖于 DRM 类 DNA 甲基转移酶（Fraga et al.，2002；Zilberman et al.，2004）。这些都说明，DRM 是从头甲基化的关键酶，主要负责响应相应的信号（如 RNA 信号）建立甲基化印记。

此外，MET1、CMT3 和 DRM1/2 有时也协同作用，共同承担非 CpG 和 CpG 位点的甲基化。因此，严格区分三类甲基转移酶的功能也并不适用于基因组所有区域（Singh et al.，2008）。

1.11　白桦的生物学特性

白桦（*Betula platyphylla* Suk.）属落叶乔木，是桦木科（Betulaceae）桦木属（*Betula* Linn.）的植物（郑万均，1983），它分布广，耐严寒，耐贫瘠，适应性强，深根性，生长快，喜光，喜酸性土壤，树皮白色，纸状白片剥落。白桦树干通直且具白皮孔，小枝红褐色，叶脉清晰，叶面油绿，果序下垂（何武江等，2004）。

白桦是分布最广的桦属种，自喜马拉雅山脉的东端，经青藏高原东坡、秦岭山脉向中国的东北，跨阴山山地、贺兰山山地、燕山山地到长白山山地、大兴安岭、小兴安岭；向东接近朝鲜半岛、日本本州中部以北至俄罗斯的远东；向北到蒙古国中部、俄罗斯的西伯利亚中东部；最西到西藏太昭附近，最南到云南丽江（杨德浩等，2003）。白桦是中国东北地区多种地带植被的先锋类型，也是由草原向森林演化的过渡类型。对白桦植被生态学开展的研究，具有重要的理论价值和生产的实践意义（詹亚光等，2003）。

白桦材质优良，是重要的工业用材树种，是造纸、胶合板、烤胶等工业的重要原材料。特别是制造航空用胶合板，其他树种不可替代。目前，我国人造板产量居世界第五位，每年消耗大量的大径级白桦原木，目前，由于椴树、水曲柳等传统胶合板原料树种资源已接近枯竭，难以满足要求，因此，对白桦木材的需求量逐年增加。白桦也可作家具材、工艺材、纸浆材等（孙刚和王雪萍，2000）。在20世纪五六十年代，国内对桦皮焦油的生产及桦皮漆皮进行了研究（陶静和詹亚光，1998）。白桦液含丰富的生理活性物质、微量元素及营养物质等，有桦木特有的清香，可直接饮用，有护肤、护发、保健、美容、抗衰老等多种功用。白桦籽油中富含多种人体必需但自身无法合成的不饱和脂肪酸，是构成细胞膜的成分，在人体内不仅能降低胆固醇和甘油三酯，而且有阻止血栓形成的功用，对心血管患者来说是良好的辅助治疗剂（崔艳霞，1994）。

1.12　研　究　意　义

木本植物的细胞壁主要由纤维素组成，而糖基转移酶将葡萄糖残基合并成长链是纤维素装配的一个重要部分（Paux et al.，2004），所以糖基转移酶对于细胞壁的生长发育存在调控作用。木材主要由纤维素、半纤维素和木质素三种成分组成，糖基转移酶是纤维素、半纤维素及木质素生物合成的关键物质，对苯丙烷代谢途径糖基化反应具有重要作用，因此，细胞壁的相关研究，对培育高品质木材同样有着指导意义（Liu et al.，2012）。与此同时，糖基转移酶在植物逆境胁迫中也扮演着重要角色，所以，糖基转移酶的研究已经成为当前的热点问题。目前在已知 97 个家族中（http://www.cazy.org/，CAZy），对于白桦中糖基转移酶研究较少，研究较为广泛的白桦糖基转移酶为 GT2 家族中的纤维素合酶（CAZy 分类），其作用与细胞壁的合成密切相关（詹亚光和曾凡锁，2005）。本课题组前期研究结果表明，*GT14* 基因参与白桦细胞壁合成，在逆境适应、生根和茎段发育中有重要作用。本研究克隆得到了白桦 *BpGT14* 基因及其启动子序列，揭示了该基因的表达模式，并对其启动子表达活性进行了研究。同时，筛选得到了可能与其互作的转录因子候选蛋白。由于启动子在基因的特异性表达中发挥重要作用，因此白桦 *BpGT14* 基因启动子的研究，对进一步了解该基因在白桦生长发育中的功能及其对环境适应的机制有着重要的意义，同时，本研究为其他木本植物启动子及基因功能的研究奠定了基础。对组培再生过程中 *BpGT14* 基因的表达水平及启动子和 DNA 区的甲基化位点及水平进行了分析，解析离体再生各阶段顺式作用位点特异性甲基化位点，为 *BpGT14* 在白桦快繁过程中的功能研究奠定基础；通过农杆菌介导的遗传转化获得 RNAi 白桦苗，分析转基因植株茎组成结构的变化，检测转基因白桦细胞壁成分的改变，为白桦 *BpGT14* 功能的研究提供了依据。

2 白桦 *BpGT14* 基因及其启动子的克隆及生物信息学分析

2.1 实 验 材 料

2.1.1 植物材料

白桦植株于东北林业大学白桦强化育种基地野外生长，未经任何处理及杂交选育，树龄 15 年，生长良好。5～9 月每隔半个月取材一次，共取 8 次，取材部位分别为枝条木质部、韧皮部、雄花序及叶片，取材枝条部位位于整株白桦植株中部，均为当年生枝条。雄花序及叶片在 5～9 月长势良好，取材均为直接取材。木质部（图 2-1E）及韧皮部（图 2-1F）取材均在枝条，由于枝皮最外层多为衰老及死亡细胞，因此将枝皮去除（图 2-1D）。每个部位每个时间点均取三棵白桦植株作为三次重复。

图 2-1　白桦植株取材部位（彩图请扫封底二维码）
A. 去除花序的白桦枝条；B. 去除叶片及花序的白桦枝条；C. 去除枝皮的白桦枝条；
D. 枝皮；E. 木质部；F. 韧皮部

2.1.2 菌株及载体

大肠杆菌（*Escherichia coli*）DH5α 菌株购自北京全式金生物公司。EX *Taq*

聚合酶、TaKaRa *Taq* 聚合酶及 DNA Marker 等购买自大连宝生物公司。DNA 胶回
收试剂盒购买自 Omega 公司。pEAZY-T5 载体购自北京全式金生物公司。引物设
计采用 Primer Premier 5 软件，引物合成及 DNA 测序服务均由生物技术公司提供。
Xcm I 酶购自美国 NEB 公司。T4 连接酶购自美国 Promega 公司。质粒小提试剂
盒购自 Omega 公司。

根癌农杆菌（*Agrobacterium tumefaciens*）LBA4404 菌株、协助菌（helper）
pRK2013、pXGUS-P（FJ905212）及 pXGFP-P（FJ905213）植物表达载体均为本
实验室保存。

2.1.3　数据分析

数据处理采用 SPSS 软件，作图采用 Origin 8.5 软件；所有数据均为三次生物
学重复及三次技术重复。

2.2　实　验　方　法

2.2.1　白桦 *BpGT14* 基因生物信息学分析

利用在线分析软件进行白桦 *BpGT14* 基因生物信息学分析。利用 ProtParam
对氨基酸序列进行理化性质分析（王浩然等，2015）。利用工具 WoLF PSORT
（http://www.genscript.com/psort/wolf_psort.html）对目的蛋白进行亚细胞定位分析。
利用在线工具 TMHMM（http://www.cbs.dtu.dk/services/TMHMM/）进行蛋白跨膜
结构分析。利用 SignalP（http://www.cbs.dtu.dk/services/SignalP/）对蛋白中信号肽
进行预测和分析。应用 GOR4（Sen et al.，2005）对蛋白质的二级结构进行分析。
利用 NCBI 数据库的蛋白结构域分析功能（http://www.ncbi.nlm.nih.gov/cdd/），对
蛋白质的结构域进行分析。通过 BlastX（http://blast.ncbi.nlm.nih.gov/Blast.cgi）进
行氨基酸序列比对，同时选取了同源性较高的序列，应用 PRALINE（http://www.
ibi.vu.nl/programs/pralinewww/）在线多序列比对软件进行同源序列比对分析，利
用 MEGA 5.0 软件的 Neighbor-Joining 算法 bootstrap1000 构建了系统进化树
（Tamura et al.，2007）。

2.2.2　白桦茎段悬浮细胞非生物胁迫处理

实验使用的悬浮细胞为白桦茎段悬浮细胞。悬浮细胞按 50g/L 接种量接种于
100ml NT 液体培养基中，同时加入 0.01mg/L 噻苯隆（TDZ）及 0.1mg/L 6-BA 对
其进行悬浮培养。培养条件：120r/min，25℃，光照强度 2000lx，光周期 16h，相

对湿度 40%～50%，培养周期为 7d。采用水杨酸（SA）、重金属镉（CdCl$_2$）、盐胁迫（NaCl）及低温（4℃）处理白桦悬浮培养细胞。分别利用 100mg/L 水杨酸、10mmol/L 氯化镉及 4mol/L 的氯化钠溶液处理白桦悬浮培养细胞，使其终浓度分别为 50mmol/L、20μmol/L 及 40mmol/L。冷胁迫处理采用 4℃ 驯化培养 6h，此时记为 0h，而后开始计时取材。对所有处理及对照材料于 6h、12h、24h、48h、96h 进行材料的收集，取出的样品迅速利用液氮处理，放置于–80℃冰箱内保存，样品均为三次重复。

2.2.3 转录表达定量分析

应用 CTAB 法提取白桦 RNA，利用 TOYOBO 反转录试剂盒进行 RT-PCR，产物通过验证成功后进行荧光定量检测。目的基因荧光定量引物为 yBpGT14-F 及 yBpGT14-R，内参基因采用白桦持家基因微管蛋白（tubulin，Tu）（尹静等，2010）（表 2-1）。荧光定量使用 TOYOBO（SYBR Green）试剂盒，体系 10μl：灭菌蒸馏水 3.2μl，THUNDERBIRD SYBR qPCR Mix 5μl，上下游引物各 0.3μl，50×ROX reference dye 0.2μl，cDNA 模板 1μl。利用 Applied Biosystems 7500 荧光定量 PCR 仪进行扩增，反应程序为 95℃ 30s，而后 95℃ 5s，60℃ 34s 循环 40 次，之后 95℃ 15s、60℃ 1min、95℃ 15s。样品均为 3 次重复。

表 2-1 引物序列

引物名称	引物序列（5′→3′）
yBpGT14-F	GATTATGCTGCTTTTGACTGCCA
yBpGT14-R	ATTCGTTAGTTCCAACCTTTCGC
Tu-F	TCAACCGCCTTGTCTCTCAGG
Tu-R	TGGCTCGAATGCACTGTTGG

2.2.4 数据处理

数据处理采用 IBM SPSS Statistics 19 软件，作图采用 Origin 8.5 软件。所有数据均为三次重复。

2.2.5 白桦 *BpGT14* 启动子的克隆

以白桦植株为材料，运用 CTAB 法提取白桦基因组 DNA（詹亚光和曾凡锁，2005）。采用染色体步移技术 SiteFinding-PCR 方法对启动子序列进行克隆（图 2-2）。首先设计随机锚定引物 SiteFinder（表 2-2），通过锚定反应使其结合于目的基因启动子 DNA 的未知区域。根据 SiteFinder 序列，设计两条引物 SFP1 及 SFP2（表 2-2），

根据白桦 *BpGT14* 基因 5'端序列设计三轮 PCR 引物 P1、P2 及 P3（表 2-2）。以锚定反应产物为模板，以 SFP1 及 P1 为引物，进行第一轮 PCR 扩增。随后，以第一轮 PCR 扩增产物稀释作为模板，以 SFP2 及 P2 为引物，进行第二轮扩增。最后，以第二轮扩增产物稀释为模板，以 SFP2 及 P3 为引物，进行最后一轮扩增。三次扩增产物大小差异正确，则说明扩增产物为目的基因启动子序列。具体步骤如下。

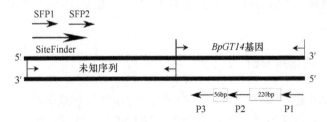

图 2-2　SiteFinding-PCR 引物结合位点简图

箭头及对应字母表示引物位置及方向；引物 P1 与 P2、P2 与 P3 的间距分别为 220bp 和 56bp

表 2-2　启动子克隆相关引物

引物名称	引物序列（5'→3'）
P1	AACTGCCTGTAAGGTCCTCATCAT
P2	ATGGCAGTCAAAAGCAGCATAATC
P3	CCACTTCCTATCACTAAACACTCT
SFP1	CACGACACGCTACTCAACAC
SFP2	ACTCAACACACCACCTCGCACAGC
SiteFinder	CACGACACGCTACTCAACACACCACCTCGCAC AGCGTCCTCAAGCGGCCGCNNNNNNGCCT

（1）进行 SiteFinder 引物的锚定反应。反应体系按照 TaKaRa EX *Taq*（Code：RR001A）体系添加，见表 2-3，反应条件为 94℃ 10min、25℃ 1min、68℃ 10min。

表 2-3　第一轮 PCR 反应体系

试剂	体积/μl
10×EX PCR Buffer	2
dNTP Mixture	1.6
ddH$_2$O	12.2
EX *Taq*	0.2
SiteFinder 引物	2
白桦基因组 DNA	2
总体积	20

（2）以 SiteFinder 引物扩增出的 DNA 为 PCR 第一轮模板，接下来每一轮 PCR 扩增模板均为上一轮 PCR 扩增产物稀释，三轮 PCR 引物分别为 SFP1 及 P1、SFP2

及 P2、SFP2 及 P3，三轮扩增 PCR 反应体系相同，见表 2-4。三轮 PCR 反应条件见表 2-5。

表 2-4 三轮 PCR 反应体系

试剂	体积/μl
10×EX PCR Buffer	2
dNTP Mixture	1.6
ddH₂O	11.2
EX *Taq*	0.2
模板	2
引物 F	1.5
引物 R	1.5
总体积	20

表 2-5 三轮 PCR 反应条件

循环数	反应条件
1	94℃，3min
35	94℃，45s；55℃，45s；72℃，90s
1	72℃，10min

（3）配制 0.8%～1.0%的琼脂糖凝胶，各取 5μl 的三轮 PCR 扩增产物分别与 Gel-Red 上样缓冲液混合，混匀后点样，电泳检测 PCR 产物条带大小。

（4）对三轮 PCR 产物条带进行观察，若条带差异大小与预期结果相一致，则对三轮目的条带进行 DNA 琼脂糖凝胶切胶回收。切胶回收后，对胶回收产物进行琼脂糖凝胶电泳检测。

（5）对胶回收产物进行亚克隆的构建。利用全式金公司的 pEAZY-T5 载体，进行连接反应，反应体系见表 2-6。

表 2-6 连接反应体系

组分	体积/μl
PCR 纯化产物	2
pEAZY-T5 Zero Cloning Vector	1
ddH₂O	3

（6）用重组质粒转化大肠杆菌 DH5α 感受态细胞。取连接产物 5μl、感受态细胞 50μl，轻轻混合均匀后冰上静置 40min，随后 42℃水浴热激 45s，取出后迅速置于冰上静置 2min，加入 250μl 的 LB 液体培养基，置于恒温振荡培养箱，37℃、200r/min 振荡培养 1h。

（7）在超净工作台内，制备氨苄西林（Amp）终浓度为 100mg/L 的 LB 固体平板。由于全式金公司的 pEAZY-T5 载体含有自杀基因，因此不需要进行蓝白斑的筛选。将摇好的重组菌液吸取 100μl，均匀涂布于含有 100mg/L 氨苄西林的平板上，37℃培养过夜。

（8）挑取过夜培养的大肠杆菌单菌落，在氨苄西林终浓度为 100mg/L 的液体培养基中 37℃、200r/min 振荡培养 10～12h。

（9）对挑取的大肠杆菌单菌落菌液通过 PCR 扩增进行阳性鉴定，引物为 T 载体通用引物。

RV-M：AGCGGATAACAATTTCACACAGGA。

M13：CGCCAGGGTTTTCCCAGTCACGAC。

反应体系见表 2-7。

表 2-7 菌液 PCR 反应体系

反应试剂	体积/μl
ddH$_2$O	11.2
10×PCR Buffer	2
dNTP Mixture	1.6
rTaq	0.2
模板（菌液）	2
RV-M	1.5
M13	1.5
总体积	20

（10）PCR 产物通过电泳进行检测，阳性克隆样品进行质粒测序工作。利用测序得到的启动子序列继续设计引物，克隆已知启动子片段上游的未知序列。

2.2.6 启动子生物信息学分析

利用 PLACE（http://www.dna.affrc.go.jp/PLACE/signalscan.html）在线分析软件，对获得的启动子序列进行生物信息学分析，预测其元件及功能。

2.2.7 植物表达载体的构建

根据植物瞬时表达载体 pXGUS-P（FJ905212）及 pXGFP-P（FJ905213）的序列构建其质粒图谱（图 2-3A），依照 Chen 等（2009）的 *Xcm* I 单酶切的方法（图 2-3B），构建 pBpGT14∷GUS 及 pBpGT14∷GFP 植物瞬时表达载体，将 *BpGT14* 启动子序列连入报告基因前端。由于 *Xcm* I 酶切后可以在载体片段两端形成 T 尾，而 PCR 扩增产物恰好两端含有 A 尾，通过连接反应，可以高效快速地构建植物表达载体（图 2-3B）。

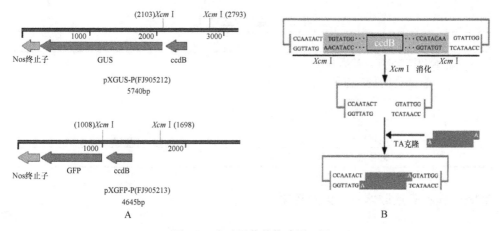

图 2-3　启动子载体构建原理图

（1）研究克隆得到了启动子 2169bp 序列，对其进行元件分析后，选取了启动子 1156bp 含有核心元件的片段进行启动子植物表达载体的构建及活性的鉴定。根据启动子序列，设计 1156bp 序列引物，利用 EX *Taq* 酶扩增后含有 A 尾的特性，对启动子 1156bp 序列进行 PCR 扩增，PCR 反应体系及扩增条件同前。

（2）分别活化含有 pXGUS-P 及 pXGFP-P 质粒的菌株，利用质粒提取试剂盒进行质粒的提取。电泳检测后，对其进行单酶切反应，酶切反应体系见表 2-8，酶切反应条件为 37℃，4h。

表 2-8　酶切反应体系

反应体系	体积/μl
pXGUS-P/pXGFP-P 质粒	10
Xcm I	1
10×Buffer	2
ddH₂O	7
总体积	20

（3）电泳检测启动子 1156bp 片段 PCR 扩增产物及 pXGUS-P 和 pXGFP-P 质粒单酶切产物，并对 PCR 扩增产物及单酶切成功的质粒进行切胶回收，电泳检测回收质粒。

（4）将回收得到的含有 A 尾的 PCR 产物分别与单酶切后含有 T 尾的 pXGUS-P 及 pXGFP-P 质粒进行连接反应。反应条件为 15℃过夜，连接反应体系见表 2-9。

（5）连接产物转化感受态细胞及阳性克隆的鉴定同上。对鉴定成功的阳性克隆送往哈尔滨博仕生物技术有限公司进行测序，筛选正向插入片段作为阳性克隆，进行下一步研究。

表 2-9　连接反应体系

试剂	体积/μl
pXGUS-P/pXGFP-P 线性化载体	2
启动子 1156bp 片段	2
T4 DNA Ligase	0.4
10×Buffer	1
H$_2$O	4.6
总体积	10

2.2.8　植物表达载体农杆菌的转化

（1）将验证成功的含有重组质粒的植物表达载体利用三亲杂交的方法转化根癌农杆菌 LBA4404 菌株（徐威等，2003）。首先进行保存菌株的活化。将保存的根癌农杆菌 LBA4404（受体菌）菌株在含 100mg/L 利福平的 LB 固体培养基划线活化，28℃培养 2～3d 长出单菌落，挑取单菌落，于 50ml 含 100mg/L 利福平的 LB 液体培养基中，28℃振荡培养过夜。取 Helper 菌（协助菌）在含有 100mg/L 卡那霉素的 LB 固体培养基上划线，37℃培养过夜长出单菌落，挑取单菌落接种于 50ml LB 液体培养基中，37℃振荡培养过夜。取验证成功的含有重组质粒的两种大肠杆菌（供体菌）单菌落接种在含有 100mg/L 氨苄西林的 LB 液体培养基中，37℃振荡培养过夜。

（2）当 4 种菌生长到 OD$_{600}$=0.5 左右时，将三种菌液按表 2-10 混合。

表 2-10　反应体系

菌液	体积/ml
pXGUS-P/pXGFP-P 重组菌液	5
LBA4404 菌液	5
Helper 菌液	5

（3）将无菌滤膜平铺于 LB 固体培养基上，不含任何抗生素。吸取 50μl 混合菌液于滤膜上，28℃共培养过夜。

（4）用无菌的镊子将培养过夜的滤膜转接到含有 100mg/L 利福平和 100mg/L 氨苄西林的 LB 液体培养基中，28℃，160r/min 振荡培养过夜。

（5）将培养过夜的菌液划线于含有 100mg/L 利福平和 100mg/L 氨苄西林的 LB 固体培养基上，28℃培养 2～3d，直至长出单菌落。

（6）挑取单菌落至含有 100mg/L 利福平和 100mg/L 氨苄西林的 LB 液体培养基中培养过夜，对菌液进行 PCR 验证，PCR 体系及 PCR 反应条件同前，验证成功的农杆菌菌株可以用于下一步植物的转化。

2.2.9　*BpGT14* 启动子在烟草中的表达活性

2.2.9.1　非生物胁迫下启动子在烟草中的表达活性

烟草瞬时侵染方法采用刘志钦（2010）的方法并稍加改进。将过夜培养的 pBpGT14∷GUS 农杆菌工程菌液 3000r/min 离心 10min 收集菌体，重悬于含有 200μmol/L 乙酰丁香酮（AS）的渗透培养液中，调节菌液 OD_{600}=0.8。将调好 OD 值的渗透液用不带针头的针管注射烟草植株，注射完渗透液的烟草移至 26℃光照培养箱，光照 16h，黑暗 8h，培养 2d 后，对烟草植株进行 GUS 染色及逆境处理。

配制 10mg/L 赤霉素（GA）、10μmol/L 脱落酸（ABA）、10μmol/L 过氧化氢（H_2O_2）、100mmol/L 氯化钠（NaCl）及 10%聚乙二醇（PEG）处理液，各溶液均直接喷洒于烟草植株，低温（4℃）及高温（37℃）处理放置于相应温度。处理材料分别在 3h、6h、12h 及 24h 时取材。

2.2.9.2　GUS 酶活性定量检测

采用分光光度计法测定 GUS 酶活性，其原理为 GUS 催化对硝基苯基-β-D-葡萄糖醛酸苷（PNPG）生成对硝基苯酚（曾凡锁等，2009）。酶活性单位定义为每分钟水解 PNPG 生成一定浓度对硝基苯酚的酶量为一个单位（曾凡锁等，2009）。

2.2.10　启动子在白桦细胞中的表达活性

2.2.10.1　非生物胁迫下启动子在白桦茎段悬浮细胞中的表达活性

利用 pBpGT14∷GFP 农杆菌侵染白桦茎段悬浮细胞。将过夜培养的 pBpGT14∷GFP 工程菌液 3000r/min 离心 10min 收集菌体，重悬于 100ml NT 液体培养基中，调节 OD_{600} 值为 0.6，每 100ml NT 培养基中培养 5g 白桦茎段悬浮细胞，26℃侵染 24h 后，对其进行非生物胁迫及激素处理，NT 液体培养基中处理剂终浓度分别为 10mg/L GA、10μmol/L ABA、10μmol/L H_2O_2、100mmol/L NaCl 及 10% PEG，低温及高温处理放置于相应温度，取材时间与烟草相同。*GFP* 基因的相对表达量采用实时荧光定量 PCR 的方法鉴定，内参基因为白桦微管蛋白基因。TU-F：TCAACCGCCTTGTCTCTCAGG。TU-R：TGGCTCGAATGCACTGTTGG。GFP 定量表达引物为 GFP-F：ATGTGGTCTCTCTTTTCGTTGG。GFP-R：TGGCAGACAAACAAAAGAATGG。

2.2.10.2　PEG 处理白桦细胞形态观察

由于该启动子对干旱胁迫响应迅速且明显，研究选取了 PEG 处理 0h、3h、

6h、12h 及 24h 时的转基因白桦茎段悬浮细胞制作临时装片,利用荧光显微镜观察悬浮细胞中的绿色荧光蛋白及其对干旱胁迫的响应。

2.3　结果与分析

2.3.1　白桦 *BpGT14* 基因的生物信息学分析

利用 ProtParam 分析软件对白桦 *BpGT14* 基因的氨基酸序列进行理化性质分析。结果表明,*BpGT14* 基因共编码 433 个氨基酸,理论等电点(pI)为 8.61,相对分子质量为 49 293.43,不稳定系数为 39.00(不稳定系数小于 40 时,预测蛋白质稳定,反之则不稳定),说明该蛋白质为稳定蛋白质。亚细胞定位分析结果表明,其定位于叶绿体上的得分为 6 分。

利用在线工具 TMHMM 和 GOR4 进行目的蛋白结构分析。跨膜结构预测结果表明该蛋白质含有一个跨膜结构(图 2-4A),其位置在前 50 个氨基酸以内。跨膜结构一般由 20 个左右的疏水性氨基酸残基组成,主要由 α 螺旋形成,通过对蛋白质的二级结构进行分析(图 2-4B),发现跨膜结构处为 α 螺旋,与理论依据相符合。

利用在线分析工具 SignalP 对 BpGT14 蛋白进行信号肽预测(图 2-5),信号肽区域的 S 值应该较高,同时在剪切位点处 C 值是最高的,在一条序列中 C 值可能有不止一个较高的位点,但是剪切位点只有一个,此时的剪切位点就由 Y_{max} 值来推测,为 S 值陡峭的位置和具有高 C 值的位点。由预测结果表明,该蛋白质跨膜结构预测值较低,因此不存在信号肽。

利用 NCBI 数据库的蛋白结构域分析功能,对蛋白质的结构域进行分析(图 2-6),结果发现其含有乙酰葡糖氨基转移酶的重要结构域(β-1,6-*N*-acetylgluco-saminyl transferase),该结构域为糖基转移酶 14 的一个重要结构域。

通过 NCBI 的 BlastX 进行氨基酸序列比对(表 2-11),我们发现 *BpGT14* 基因编码蛋白与可可中的葡糖氨基转移酶同源性最高,达到了 85%。同时,其与毛果杨 GT14 家族蛋白的同源性达到了 79%。

应用 PRALINE 在线多序列比对软件对 *BpGT14* 编码蛋白进行同源序列比对分析。选取了可可中的葡糖氨基转移酶和其余物种(毛果杨、玉山筷子芥、江南卷柏及拟南芥)中的 GT14 家族蛋白,其中拟南芥中 GT14 蛋白为亚家族 At4g03340 基因编码。结果表明,选取的基因在 100～350 氨基酸区域内保守性较高(图 2-7)。

同时,对选取的蛋白质进行系统进化树构建(图 2-8),结果表明 *BpGT14* 基因编码的蛋白质与可可中的葡糖氨基转移酶相似性最高,其同属于糖基转移酶家族,且与毛果杨中的 GT14 家族蛋白质有着较高的相似性。

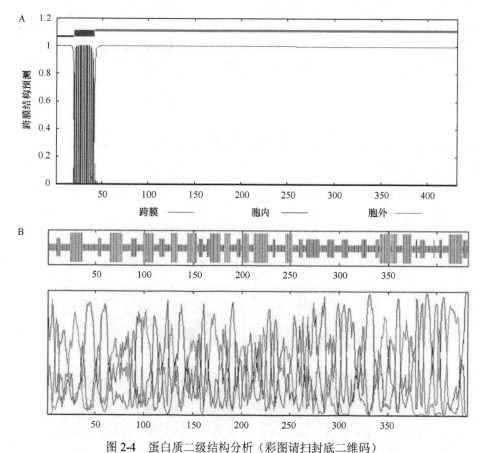

图 2-4　蛋白质二级结构分析（彩图请扫封底二维码）

A. 跨膜结构预测；B. 蛋白质二级结构分析，α螺旋为最长垂直线，延伸链为次长垂直线，无规则卷曲为最短垂直线

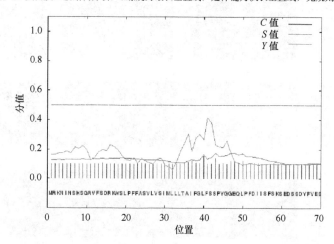

图 2-5　*BpGT14* 基因蛋白信号肽的预测和分析（神经网络算法）（彩图请扫封底二维码）

C 值：原始剪切位点的分值；S 值：信号肽的分值；Y 值：综合剪切位点的分值

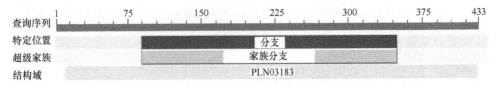

图 2-6　蛋白结构域分析（彩图请扫封底二维码）

表 2-11　*BpGT14* 基因序列比对结果

名称	拉丁名	登录号	同源性/%
可可（葡糖氨基转移酶）	*Theobroma cacao*	XP007043504.1	85
毛果杨（GT14）	*Populus trichocarpa*	XP002319376.2	79
玉山筷子芥（GT14）	*Arabidopsis lyrata* subsp. *lyrata*	XP002872787.1	75
江南卷柏（GT14）	*Selaginella moellendorffii*	XP002965647.1	62
拟南芥（GT14）	*Arabidopsis thaliana*	ADM21179.1	75

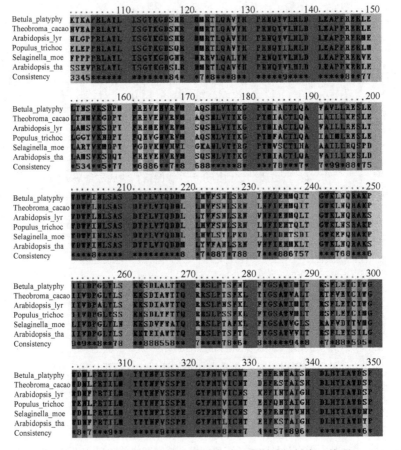

图 2-7　BpGT14 蛋白的氨基酸序列比对（彩图请扫封底二维码）

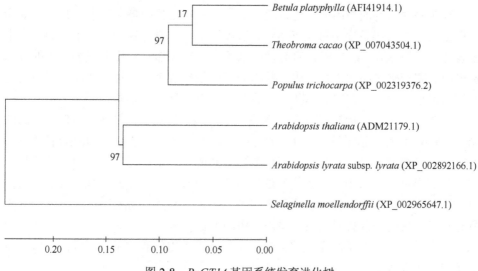

图 2-8　*BpGT14* 基因系统发育进化树

2.3.2　白桦 *BpGT14* 基因时空特异性表达分析

为了研究 *BpGT14* 基因的表达模式，选取了 4 个部位及 8 个时间点的野生白桦植株材料，对其目的基因的表达情况进行了分析（图 2-9）。

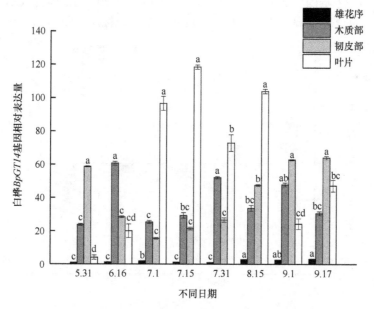

图 2-9　不同时间不同月份白桦 *BpGT14* 基因表达量

小写字母标注为同一部位不同时间 0.05 水平下的显著性差异分析

雄花序中，目的基因的表达量随月份总体呈现增长趋势，其中 9 月中旬的表达量（9 月 17 日雄花序中最高表达量）达到了 5 月末表达量（5 月 31 日雄花序最低表达量）的 3.1 倍。同时，研究发现木质部、韧皮部及叶片中 *BpGT14* 的表达水平明显高于雄花序。木质部中，基因的表达量在各个月份虽有波动，但均稳定在较高水平（对比雄花序）。其中，6 月中旬目的基因的表达量达到最大值，为雄花序中 9 月中旬表达量的 19.7 倍。韧皮部中，基因的表达量呈现先降低后升高的趋势，在 6～8 月表达量较低，与其他月份有显著差异，并在 9 月中旬达到最大值。而叶片中表达量与之恰恰相反，表达量随时间的变化呈现先升高后降低的趋势，在 7 月前半月及 8 月中旬，表达量达到峰值，与其他月份差异显著。其中 7 月中旬（7 月 15 日）目的基因的表达量达到了雄花序中 9 月中旬表达量的 38.4 倍，为所有材料中目的基因相对表达量最高的组织部位。

综上所述，目的基因在木质部、韧皮部及叶片中的表达量相对较高，而在雄花序中表达量较低。

2.3.3 白桦茎段悬浮细胞 *BpGT14* 基因非生物胁迫下表达分析

本研究利用白桦茎段悬浮细胞进行了逆境胁迫下 *BpGT14* 基因表达模式的分析，探究了目的基因在白桦响应胁迫信号中的作用。白桦茎段悬浮细胞非生物胁迫处理 *BpGT14* 基因表达量利用处理组与对照组相对应时间点差值表示，正值为上调表达，负值为下调表达，倍数关系数据在图中未标注（图 2-10）。

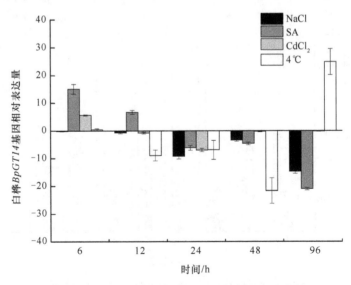

图 2-10　非生物胁迫下白桦 *BpGT14* 基因表达分析

SA 处理结果显示，在处理初期（6～12h），*BpGT14* 基因相对表达量上调，其中，6h 处理时达到了对照组的 51.2 倍。随后基因表达量均为下调，96h 比对照组降低了 91.3%。低温处理初期（6h）目的基因响应不明显，但在 12～48h 均为下调表达，96h 基因上调明显，表达量提高了 94.4%。40mmol/L 的 NaCl 盐胁迫处理初期（6～12h），*BpGT14* 基因几乎未响应，但在随后响应明显，均为下调表达，24h 比对照组降低了 93.7%。20μmol/L CdCl$_2$ 处理同样对 *BpGT14* 基因相对表达量产生影响，*BpGT14* 基因的表达量在 6h 出现上调，为对照组表达量的 48.9 倍。随后，目的基因表达量开始下调，在 24h 处理时比对照组降低了 99%，抑制作用明显，但其在 48～96h 表达量稳定。

研究结果表明，*BpGT14* 基因对非生物胁迫产生响应，但其响应模式不尽相同。同时研究发现，非生物胁迫处理过程中，目的基因的表达量在多数时间点下调表达。

2.3.4　白桦 *BpGT14* 基因启动子克隆

通过 CTAB 法提取白桦基因组 DNA，电泳结果显示 DNA 质量良好（图 2-11），可以用于启动子克隆研究。

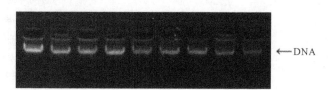

图 2-11　白桦 DNA 提取电泳图

以锚定引物 SiteFinder 扩增产物为模板，以 SFP1 和 P1 为引物进行第一轮扩增，扩增结果电泳显示（图 2-12A），条带较多且弥散，说明非特异性产物丰富；

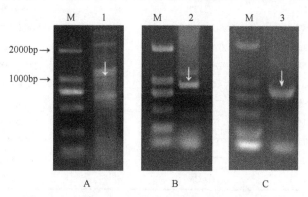

图 2-12　白桦 *BpGT14* 基因启动子 PCR 扩增电泳图

A、B、C 分别为三轮 PCR 扩增产物电泳图；箭头分别为 1、2、3 轮 PCR 扩增目的条带

随后，以上一轮 PCR 产物稀释 100 倍为模板，利用 SFP2 及 P2 引物进行 PCR 扩增，结果显示扩增条带大小约为 800bp（图 2-12B）；随后，以此次 PCR 扩增产物稀释 100 倍为模板，利用 SFP2 及 P3 引物进行 PCR 扩增，条带电泳结果显示该条带比第二轮 PCR 产物稍小（图 2-12C）。三次扩增产物条带大小差异与预期结果一致，证明克隆出的条带为白桦 *BpGT14* 基因上游启动子序列。将三次扩增产物进行回收测序，继续上游启动子的克隆，最终克隆得到了 *BpGT14* 基因起始密码子 ATG 上游 2169bp 序列。

2.3.5 白桦 *BpGT14* 基因启动子序列元件分析

本研究利用 StieFinding-PCR 方法扩增得到了 *BpGT14* 基因起始密码子 ATG 上游 2169bp 序列。利用 PLACE 在线分析软件对启动子序列进行生物信息学分析（表 2-12）。结果表明，该启动子除含有转录必备的 TATA 框、CAAT 框等元件外，还含有多种逆境及激素响应元件。其中包括 31 个脱水响应元件及 23 个低温

表 2-12　启动子顺式作用元件分析

元件名称	基序序列	个数	生物学功能
CAATBOX1	CAAT	20	启动子保守序列
CACGTGMOTIF	CACGTG	2	防御基因表达相关
CURECORECR	GTAC	4	铜离子响应元件
D4GMAUX28	TAGTGCTGT	1	植物生长素响应元件
ERELEE4	AWTTCAAA	1	乙烯响应元件
GAREAT	TAACAAR	1	赤霉素响应元件
IBOXCORE	GATAA	8	光调控相关元件
LTRE1HVBLT49	CCGAAA	1	低温响应元件
MYB1AT	WAACCA	8	脱水响应元件
MYBCORE	CNGTTR	4	压力响应元件
MYBPLANT	MACCWAMC	2	木质素生物合成元件
MYCATRD22	CACATG	1	脱水及 ABA 响应元件
MYCCONSENSUSAT	CANNTG	22	脱水及寒冷响应元件
NTBBF1ARROLB	ACTTTA	2	生长素响应元件
TATABOX5	TTATTT	14	启动子保守序列
WBBOXPCWRKY1	TTTGACY	1	WRKY 结合蛋白
WBOXATNPR1	TTGAC	2	水杨酸响应元件
WBOXNTCHN48	CTGACY	1	防御基因响应元件
WBOXNTERF3	TGACY	4	转录抑制因子

注：基序序列中，W=A/T, R=A/G, N=A/T/G/C, M=A/C, Y=C/T

响应元件，数量较多；同时含有 GA 及 ABA 等激素响应元件。值得注意的是，该启动子同时含有两个苯丙烷及木质素生物合成的重要启动子元件 MYBPLANT。该元件在苯丙烷途径中的 PAL、4CL 及 CHS 关键酶基因启动子中均具有保守序列，暗示着其可能在植物苯丙烷途径中具有重要作用。

2.3.6 启动子 pXGUS-P 及 pXGFP-P 植物表达载体的构建及鉴定

研究克隆得到了 ATG 上游 2169bp 序列，由于 ATG 上游区域包含基因 5′非翻译区，因此本研究选取了 5′非翻译区上游 1156bp 含有核心元件的片段进行启动子活性的鉴定。设计引物，通过 PCR 扩增获得启动子 1156bp 片段（图 2-13）。

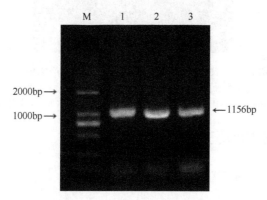

图 2-13 启动子 1156bp 片段

通过 *Xcm* I 单酶切的方法，将 pXGUS-P 及 pXGFP-P 载体的 *ccdB* 致死基因切除（图 2-14），酶切电泳图显示两条带，分子质量较大的条带为线性化后的两个报告载体，而分子质量较小的为切除掉的 *ccdB* 致死基因，大小为 690bp。回收后分别与选取的启动子 1156bp 片段连接，转化大肠杆菌感受态细胞，挑取阳性克隆测序验证成功。

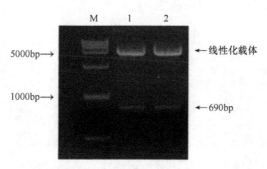

图 2-14 pXGUS-P 及 pXGFP-P 载体 *Xcm* I 单酶切电泳检测
M 为 15kb DNA Marker；1 为 pXGUS-P 单酶切电泳；2 为 pXGFP-P 单酶切电泳

2.3.7　植物表达载体转化农杆菌的鉴定

利用三亲杂交的方法将目的片段导入农杆菌,农杆菌菌液 PCR 结果显示(图 2-15),目的片段已成功插入农杆菌中,同时测序结果验证成功,该农杆菌可作为侵染烟草植株及白桦茎段悬浮细胞的工程菌液。

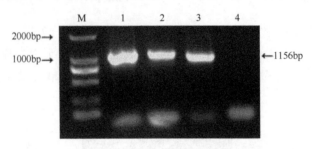

图 2-15　农杆菌 1156bp 启动子片段 PCR 产物电泳图

M 为基因 DL 2000 Marker;1 为 pBpGT14∷GUS 重组农杆菌 PCR 产物;
2 为 pBpGT14∷GFP 重组农杆菌 PCR 产物;3 为阳性对照;4 为阴性对照

2.3.8　非生物胁迫下启动子在烟草中的表达活性

2.3.8.1　pBpGT14∷GUS 侵染烟草组织化学染色

对含有 pBpGT14∷GUS 的烟草植株进行染色,观察启动子启动活性及组织表达特异性(图 2-16)。未转入目的启动子的空载体转化烟草植株,经 GUS 染色后未显蓝色(图 2-16A)。含有目的启动子的表达载体工程菌液侵染烟草植株 2d 后,不同植株显示出了不同程度的染色(图 2-16B～D),其启动活性在叶片(图 2-16B、C)及茎段处(图 2-16D)均有表现,且其在茎段处较深(图 2-16D),初步说明该启动子在茎段部位有较高的启动活性。研究结果表明,选取的白桦 *BpGT14* 基因启动子片段在烟草中具有启动活性。

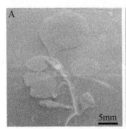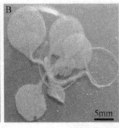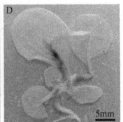

图 2-16　烟草 GUS 组织特异性染色植株(彩图请扫封底二维码)

2.3.8.2 pBpGT14∷GUS 侵染烟草 GUS 酶活性定量分析

为了研究该启动子对非生物胁迫及激素的响应，对处理后烟草进行了 GUS 酶活性的定量检测。结果表明（图 2-17），GA、H_2O_2 及低温处理对启动子活性产生了不同程度的抑制作用，在各时间点酶活性均下调。与之相反，ABA、NaCl、PEG 及高温处理后的烟草植株中，启动子活性在部分时间点上调。其中，NaCl 及 PEG 处理后，启动子响应迅速且明显，在处理初期（3h），GUS 酶活性分别为对照组的 2.5 倍及 1.8 倍，6h 处理后，分别达到了对照组的 2.4 倍及 2.5 倍，表现出了高启动活性。然而随着处理时间的增加（12~24h），启动活性逐渐降低，酶活性均低于对照组。启动子对 ABA 及高温处理响应稍慢，处理 12h 后，酶活性上调显著，分别达到了对照组的 2.3 倍及 1.6 倍。

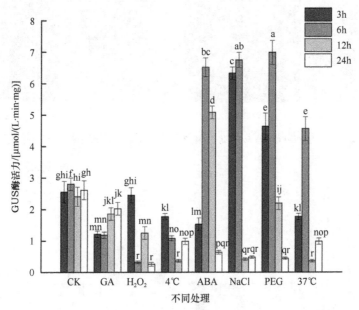

图 2-17 烟草中 GUS 酶活性鉴定

图中柱形图上方不同小写字母表示多重比较的差异显著（$P<0.05$）

2.3.9 启动子在白桦细胞中的表达活性

2.3.9.1 非生物胁迫下启动子在白桦茎段悬浮细胞中的表达活性

为了进行启动子在白桦细胞中的活性分析，同时由于 GUS 染色结果表明启动子在烟草茎段处活性较高，因此我们选择了白桦茎段悬浮细胞进行 *GFP* 报告基因转录水平分析。

对瞬时侵染 24h 后的白桦茎段悬浮细胞进行 GFP 荧光观察，结果表明（图

2-18），启动子在白桦悬浮细胞中具有启动活性。同时，对非生物胁迫及激素处理后的细胞进行实时荧光定量 PCR 检测 *GFP* 基因转录水平，结果表明（图 2-19），该启动子在白桦茎段悬浮细胞中对非生物胁迫及激素同样产生响应。NaCl 及 PEG 处理初期（3h），*GFP* 基因表达量分别达到了对照组的 4.1 倍及 6.4 倍，6h 处理后分别为对照组的 10.8 倍及 4.9 倍，启动子活性上调明显。GA、H₂O₂、ABA 及高温（37℃）处理初期（3h），基因表达量均下调，启动子活性受到抑制。随着处理时间的增加（6h），启动子产生高启动活性，分别为对照组的 3.4 倍、7.1 倍、1.1 倍及 78.3 倍。随着 GA 及 37℃ 处理时间增加，基因表达量均下调，启动子活性受到抑制。与之相反，H₂O₂ 及 ABA 处理后启动子高启动活性持续到 12h，随后被抑制。低温（4℃）处理在 24h 内均抑制了启动子的启动活性。

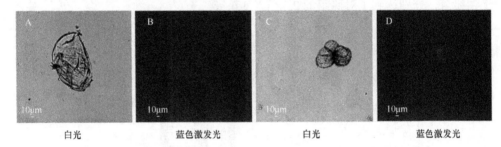

图 2-18　白桦茎段悬浮细胞农杆菌侵染荧光观察（彩图请扫封底二维码）

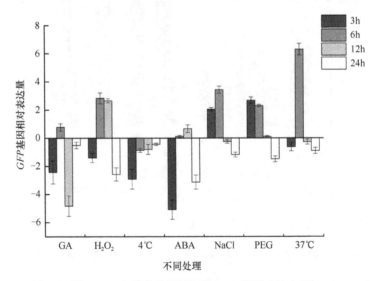

图 2-19　白桦茎段悬浮细胞 *GFP* 基因表达水平

2.3.9.2　PEG 处理瞬时侵染白桦细胞 GFP 观察

综合 GUS 酶活性测定结果及转录水平分析，该启动子对 PEG 处理响应迅速且明显，因此我们选取了 PEG 处理后 0h、3h、6h、12h 及 24h 的转基因白桦茎段悬浮细胞，制作临时装片，进行 GFP 荧光观察（图 2-20）。对照组采用未转入目的启动子的报告载体空载侵染白桦茎段悬浮细胞（图 2-20O，P），未能观察到荧光。PEG 处理 3h（图 2-20A～D），细胞在初期形态饱满，此时 *GFP* 基因表达量上调明显。而随着处理时间达到 6h（图 2-20E～H），细胞体积开始缩小，细胞失水，且在细胞壁处出现高亮度荧光，此时对应的 *GFP* 报告基因持续高表达。PEG 处理 12h 后（图 2-20I～L），细胞脱水明显，细胞壁开始褶皱甚至破裂，目的基因表达量降低。PEG 处理 24h 后（图 2-20M，N），细胞破裂损伤，目的基因表达量达到最低值，启动子失去启动活性。

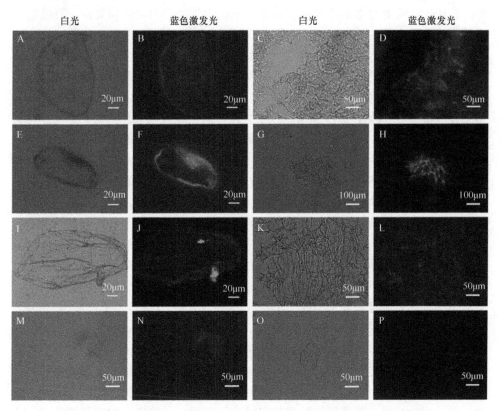

图 2-20　白桦茎段悬浮细胞 PEG 处理荧光观察（彩图请扫封底二维码）

A～D. PEG 处理 3h；E～H. PEG 处理 6h；I～L. PEG 处理 12h；M，N. PEG 处理 24h；O，P. 空载体对照

2.4　讨　论

通过生物信息学分析，发现白桦 *BpGT14* 基因含有乙酰葡糖氨基转移酶的重要结构域，其作用与形成葡聚糖的侧链分支有关，属于一种糖基转移酶 14 的重要

结构域。有研究表明，杨树中多种与次生细胞壁相关的糖基转移酶均与木糖葡聚糖的形成有关，它们可能在某种程度上决定着细胞壁的致密与疏松程度（Nishikubo et al., 2011）。目前，对于杨树中糖基转移酶的研究较为广泛，本研究发现，白桦糖基转移酶 *BpGT14* 基因与杨树中 *GT14* 家族同源性达到 79%，同时互补突变分析表明，部分糖基转移酶基因在木本植物中功能保守（Williamson et al., 2002; Himmel et al., 2007），这无疑对于白桦 *BpGT14* 基因的功能研究有着较为深远的参考价值。

通过对不同月份及不同组织部位的野生白桦植株 *BpGT14* 基因的表达量进行分析，发现 *BpGT14* 基因在木质部、韧皮部及叶片中的表达量均很高。有研究表明，糖基转移酶参与木本植物次生细胞壁中碳水化合物的合成和架构，直接影响木质部的发育过程（Williamson et al., 2002）。同时，由于韧皮部的细胞中细胞壁均较厚，因此高表达的目的基因进一步验证了其对于细胞壁合成的重要性。有趣的是，白桦叶片中同样发现了目的基因的高表达，这可能是白桦叶片中的糖分积累量较高，糖基转移酶对糖类物质的修饰造成的（Crocker et al., 2007; Mayer et al., 2006）。同时研究发现，韧皮部及叶片中表现出恰恰相反的表达趋势，这可能与其对气候的适应相关。6 月中旬至 8 月中旬，气温较高，细胞代谢加快，导致白桦叶片中糖类物质及次生代谢产物合成增加（曾凡锁等，2007），因此检测到 *BpGT14* 基因表达量升高。而到 9 月后，由于韧皮部具有保护和运输有机物的作用（郑佳，2012），为了适应冬季的寒冷气候，韧皮部开始发育，目的基因表达量升高。

研究利用白桦茎段悬浮细胞进行逆境胁迫处理，其与处理白桦整株培养材料相比，具有更高的处理效率及更短的响应时间。同时，*BpGT14* 基因表达模式分析结果表明，其在木质部及韧皮部中具有高表达特征，因此选用白桦茎段悬浮细胞进行非生物胁迫研究。已有研究表明了糖基转移酶基因与植物非生物胁迫相关，但其中的具体机制目前尚不清楚。*BpGT14* 基因对胁迫（低温胁迫、重金属胁迫、渗透胁迫及信号分子）响应研究结果显示，非生物胁迫对 *BpGT14* 基因的表达量均有影响，但目的基因对逆境胁迫的响应模式不尽相同。Cd^{2+} 处理初期，目的基因的表达量上调明显。有研究表明，重金属 Cd^{2+} 结合在细胞壁上，导致中胶层中果胶的交联，由此对细胞的生长产生抑制作用（Prasad，1995）。同时，多糖成分的变化可以改变重金属离子的吸附量和植物细胞的生长发育，这也是响应重金属胁迫的一种适应性反应（刘清泉等，2014）。因此，基因的上调表达可能是以多糖成分的变化修复细胞壁的一种机制。与之相似，当细胞遭受低温及 SA 逆境时，可以通过细胞壁多糖组分及含量的变化、结构多糖的修饰变化等来调控细胞抗逆，而这些变化均通过一些相关基因表达相关酶进行有序调节来实现（裴惠娟等，2011）。同时，低温处理会促使 MYB 等逆境相关转录因子上调表达，提高抗逆性（陈容等，2014）。SA 作为信号物质可促进木质素合成与积累（陈贵华和张少英，

2012），因此在处理初期，推测 SA 可能作为信号分子，激活了木质素合成通路，导致了目的基因的高表达。令人意想不到的是，盐处理对目的基因产生了明显的抑制作用，尽管处理初期目的基因几乎未响应，但随后目的基因表达量下调明显。据报道，部分植物在盐胁迫下会降低糖类物质的含量以调节细胞渗透压（Kerepesi and Galiba，2000；Khatkar and Kuhad，2000），这可能是目的基因明显下调表达的一个原因。但是，目前我们还不清楚 *BpGT14* 基因在盐胁迫下基因下调的机制。

通过研究发现，*BpGT14* 基因与非生物胁迫存在联系，这可能与细胞壁的抗逆作用相关。同时其在木质部及韧皮部中的高表达暗示着其对细胞壁甚至木材形成的调控作用。因此，*BpGT14* 基因对于细胞壁生长发育、木材形成及非生物胁迫响应的调控网络机制将成为我们下一步研究的重点问题。本研究的成功开展为 *BpGT14* 基因功能探索及进一步的研究奠定了基础。

目前，多种基于 PCR 扩增的方法可以用来克隆已知 DNA 片段临近的未知区域，包括反向 PCR（inverse PCR）、锚定 PCR（anchored PCR）及随机引物 PCR（randomly primed PCR）等（Zeng et al.，2010）。本研究利用 SiteFinding-PCR 方法克隆得到了白桦 *BpGT14* 基因上游未知调控序列，与其他 PCR 克隆方法相比，SiteFinding-PCR 方法不需要尺寸优化、生物素及 cDNA 合成（Bajoghli et al.，2004）。同时，其具有简单、快捷、经济、高效及特异性强的优点，而且对于克隆片段的长度无限制（Zeng et al.，2010）。本研究利用 SiteFinding-PCR 方法克隆得到了启动子 2169bp 序列，对其元件分析发现，该启动子序列含有多个寒冷及脱水响应元件，这可能与白桦长期寒冷的生存环境密切相关。同时，多个与逆境及激素相关的元件表明，该启动子在植物生长发育中扮演着重要角色。

值得注意的是，该启动子含有两个 MYBPLANT 元件，序列为 AACCTACC，该元件功能与木质素的生物合成密切相关（Tamagnone et al.，1998），这暗示着白桦 *BpGT14* 基因的功能可能与苯丙烷代谢途径有着联系。对于该元件的保守序列的研究，起初是 Lois 等（1989）在欧芹中克隆到了一个 *PAL1* 基因，对其启动子进行研究，发现了 CTCCAACAAACCCCTTC 和 ATTCTCACCTACCA 这两个基序。这两个元件与 UV 辐射、逆境胁迫密切相关。同时，通过比对分析启动子序列，发现其具有一致性保守序列（Lois et al.，1989）。其中，拟南芥中 *AtCHS* 基因启动子含有与目的基因完全一致的序列（表 2-13）（Sablowski et al.，1994）。无独有偶，对彩叶草的 *PAL* 基因启动子研究发现，其同样具有完全一致的启动子片段（AACCTACC），但并未对其功能进行深入研究（Zhu et al.，2015）。三个苯丙烷代谢途径的关键酶基因 *PAL*、*4CL* 及 *CHS* 均具有此启动子元件相似序列（表 2-13），说明其可能与苯丙烷代谢途径密切相关，这暗示着含有该启动子的糖基转移酶可能也在其通路中具有重要作用（Sablowski et al.，1994）。

表 2-13　MYBPLANT 相似序列（Sablowski et al.，1994）

序列		种类	基因	差异显著	参考文献
-235 AG AACCTAAC TT	-246	*Phaseolus vulgaris*	*gPAL2*	a, b	Sablowski et al.，1994
-131 TC CACCAACC CC	-120	*Phaseolus vulgaris*	*gPAL2*	a, b	Hatton et al.，in prep.
-78 CC CACCTACC AG	-67	*Phaseolus vulgaris*	*gPAL2*	a	Hatton et al.，in prep.
-159 AA CT CCTACC TC	-148	*Phaseolus vulgaris*	*CHS15*		Loake et al.，1992
-66 CT CACCTACC CT	-55	*Phaseolus vulgaris*	*CHS15*	b	Loake et al.，1992
-61 CT CA G CTACC AT	-50	*Antirrhinum majus*	*CHS*	a, b	Sommer et al.，1988
-171 GG T ACCTAAC CT	-160	*Antirrhinum majus*	*CHI*		Martin et al.，1991
-148 TT C T CCTAAC TT	-137	*Antirrhinum majus*	*DFR*		Martin et al.，1991
-42 AC C T CCTACC AA	-31	*Antirrhinum majus*	*Candi*		Martin et al.，1991
-61 ACT A T CTACC AT	-50	*Petunia hybrida*	*chsA*	b	Van der Meer et al.，1990
-141 CC AACCTAAC CT	-130	*Petroselinum crispum*	*CHS*	c	Schutze-Lefert et al.，1989b
-115 CT CACCTACC AA	-104	*Petroselinum crispum*	*PAL-1*	c	Lois et al.，1989
-161 CT CACCAACC CC	-150	*Petroselinum crispum*	*4-CL-1/-2*	c	Lois et al.，1989
-74 CT AACCTACC AC	-63	*Arabidopsis thaliana*	*CHS*		Ohl et al.，1990
-77 CA C G T CTAAC TG	-66	*Zea mays*	*Bz1*	d	Roth et al.，1991

$$\begin{array}{c} {}_{C}^{A}ACC{}_{A}^{T}{}_{C}^{A}C \\ {}_{C}^{T}AAC{}_{G}^{T}G \end{array}$$

近年来对植物激素作用机制及植物抗性反应的研究表明，糖基转移酶与植物生长发育过程中信号的感受和传递均有关（Henrissat and Davies，2000），同时对 *BpGT14* 基因启动子的分析发现，该启动子含有较多的逆境及激素响应相关元件，这表明该基因对非生物胁迫及激素可能存在响应，因此采用非生物胁迫及激素处理对启动子的响应模式进行了研究。在蛋白质水平检测烟草中 GUS 酶活性结果显示，逆境胁迫及激素处理对启动子启动活性产生了影响。GA、H_2O_2 及低温（4℃）处理均不同程度降低了 GUS 酶活性，说明其对于烟草中 *BpGT14* 基因启动子活性可能产生了抑制作用，与之相反，ABA、NaCl、PEG 及高温（37℃）处理后的烟草植株中，启动子启动活性上调显著。有研究表明，植物体在盐胁迫和干旱胁迫下都会脱水，因此造成这两种胁迫的原因都可以归结为水分亏缺造成的胁迫，很多含有干旱应答元件的启动子也可以响应高盐的胁迫（李燕，2012），因此启动子序列富含的多个脱水元件可能是其对于 NaCl 及 PEG 处理响应明显的原因。同时，有研究表明，ABA 可以作为植物防御逆境的物质，在 ABA 诱导元件的作用下，调节下游基因在逆境胁迫条件下的表达（Ono et al.，1996）。因此，ABA 诱导的启动子活性上调暗示着该基因对植物抗逆性的重要作用。综上所述，转基因烟草中，启动子对逆境及激素处理产生了响应，但其响应模式不尽相同，其中，该启动子对 NaCl、PEG 及 ABA 处理响应最为显著。

　　为了更好地鉴定启动子在白桦细胞中的启动活性及响应模式，我们用该启动子及 *GFP* 报告基因瞬时转化白桦茎段悬浮细胞，进行研究。GFP 转录水平分析结果显示，目的启动子在白桦细胞中对 NaCl、PEG 及高温处理响应明显，这与烟草中 GUS 酶活性测定结果相一致。同时，白桦细胞中该启动子对 H_2O_2 处理响应明显。蛋白水平 GUS 酶活性及 GFP 转录水平差异暗示着烟草植株和白桦悬浮细胞在逆境及激素响应中的物种差异。同时，蛋白质的表达受到转录及翻译双调控，这同样是 GFP 转录水平与 GUS 酶活性差异的一个原因。研究同时发现，处理较长时间（24h）的烟草及白桦细胞，启动子活性均产生了明显的抑制，这可能是由于处理时间较长，细胞受到损伤。

　　非生物胁迫及激素处理结果显示，该启动子对 NaCl 及 PEG 胁迫响应明显，而其主要原因均为细胞失水（Ono et al.，1996）。因此，研究选取了 PEG 处理的白桦茎段悬浮细胞进行 GFP 荧光蛋白观察。结果显示，随着逆境处理时间的增加，GFP 荧光蛋白在细胞壁处出现了高亮度。研究表明，植物在逆境处理下，通过调控次生细胞壁相关基因表达参与抗逆（Taylor-Teeples et al.，2015），这表明细胞壁在植物抗逆中扮演着重要角色。植物在逆境胁迫下，可以通过细胞壁多糖组分及含量的变化、结构多糖的修饰变化等来调控细胞抗逆，而这些变化均通过一些相关基因表达相关酶进行有序调节来实现（裴惠娟等，2011）。因而细胞壁处启动子的高启动活性暗示着该启动子及其下游基因可能与细胞壁抗逆相关，但其具体原因目前并不清楚。

　　本研究通过转录水平及蛋白水平两方面，对启动子在烟草和白桦细胞中的启动活性及逆境响应模式进行了分析，初步探索了白桦 *BpGT14* 基因启动子对基因表达的调控作用，为该基因的功能研究奠定了基础。同时，为其他木本植物的基因功能及启动子的调控作用研究提供了理论依据。

2.5　本　章　小　结

　　通过 SiteFinding-PCR 方法克隆得到了白桦 *BpGT14* 基因 ATG 上游 2169bp 序列，通过 PLACE 启动子在线分析软件对其功能进行预测，结果表明，该启动子除含有转录必备的 TATA 框、CAAT 框等元件外，还含有多个逆境及激素响应元件，同时含有木质素及苯丙烷合成转录因子的结合位点。启动子的克隆及生物信息学分析为启动子调控基因表达的功能研究提供了基础，同时为下一步启动子启动活性的研究提供了预测依据。

　　研究选取了启动子核心元件 1156bp，利用 *Xcm* I 单酶切的方法分别构建了含有 *GUS* 及 *GFP* 报告基因的植物表达载体。pBpGT14∷GUS 载体转化烟草植株的启动子活性鉴定结果显示，该启动子在烟草中具有启动活性，同时对 ABA、NaCl、

PEG 及高温（37℃）处理产生明显的响应，启动子启动活性上调显著。而用含有 *GFP* 报告基因的启动子片段转化白桦细胞，得出的结论与转化烟草相似，但仍存在部分差异。PEG 处理后的绿色荧光蛋白（GFP）观察结果显示，该启动子对干旱胁迫具有响应，且细胞形态随着 PEG 处理时间延长同样在变化。综上所述，该启动子在烟草及白桦细胞中均具有启动活性，同时对部分非生物胁迫具有响应，尤其对脱水胁迫响应迅速且明显，可能与其具有多个脱水响应元件相关。

3 酵母单杂交筛选启动子区及 MYBPLANT 元件结合候选蛋白

3.1 实验材料

白桦植株为实验室无菌组织培养。酵母单杂交试剂盒及缺陷培养基均购自 Clontech 公司。

3.2 实验方法

3.2.1 启动子 1156bp 片段 PCR 扩增

（1）设计引物，扩增启动子 1156bp 片段，并在其两端分别加入 *Xho* Ⅰ 和 *Kpn* Ⅰ 酶切位点。

正向序列为 5′ <u>CGGGGTACCC</u>CGTTTACTCGGTGCCAACAGGAC 3′。

反向互补序列为 5′ <u>CCGCTCGAGCGGG</u>CTTCCAAGGCAATAGAGGTTTA 3′。

下划线部分为引物两端酶切位点。

（2）启动子 PCR 扩增体系及反应条件同前，扩增产物电泳检测后进行切胶回收。

3.2.2 诱饵载体 pAbAi 线性化及与启动子片段的连接

（1）活化含有 pAbAi 质粒的菌种，利用试剂盒进行质粒提取，载体信息如图 3-1 所示。

（2）利用 *Xho* Ⅰ 和 *Kpn* Ⅰ 快切酶（Thermo Fisher Scientific 公司）双酶切 pAbAi 质粒及 PCR 扩增启动子片段，酶切反应体系如表 3-1 所示，反应条件为 37℃、5min，80℃、10min。

（3）电泳检测酶切结果，并对线性化质粒及启动子片段进行切胶回收，同时对切胶回收产物进行电泳检测，方法同前。

（4）进行启动子片段与线性化载体连接反应。连接反应体系如表 3-2 所示，反应条件为 15℃过夜。

（5）用连接产物转化 DH5α 感受态细胞，方法同前。对阳性克隆进行测序，测序引物根据 pAbAi 载体插入片段前端序列设计，测序引物序列为 5′ GTTCC

TTATATGTAGCTTTCGACAT 3′。

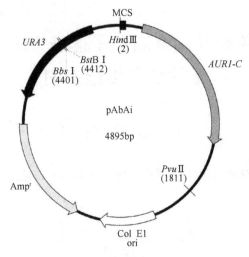

图 3-1　诱饵载体 pAbAi 图谱

表 3-1　酶切反应体系

试剂	体积/μl
pAbAi 质粒/启动子片段	3
FastDigest Buffer	2
Xho I	1
Kpn I	1
H₂O	13
总体积	20

表 3-2　连接反应体系

试剂	体积/μl
pAbAi 线性化质粒	1
启动子酶切片段	4
T4 DNA Ligase	0.4
10×Buffer	1
H₂O	3.6
总体积	10

3.2.3　MYBPLANT 元件的构建

（1）选取 MYBPLANT 元件，序列为 AACCTACC，构建三次重复片段，在其两端分别加入 *Xho* I 和 *Hin*d III 酶切位点，合成两条单链互补序列。

正向序列为 5' AGCTTAAA<u>AACCTACCAACCTACCAACCTACC</u>AC 3'。

反向互补序列为 5' TCGAGT<u>GGTAGGTTGGTAGGTTGGTAGGTT</u>TTTA 3'。

下划线部分为三次重复互补序列。

（2）将合成完毕的两条互补单链序列用 TE 缓冲液分别稀释到终浓度 100μmol/L，将上游和下游序列按照 1：1 的比例混合。

（3）将混合液 95℃温浴 30s，去除所有二级结构。

（4）之后 72℃ 2min，37℃ 2min，25℃ 2min，即可通过退火形成双链 DNA 片段，且两端含有预期酶切位点尾巴。

3.2.4 酵母感受态的制备

（1）将保存于 -80℃ 的酵母细胞（*Saccharomyces cerevisiae*）在 YPDA 平板上划线，30℃ 培养直至出现单克隆，大约需要 3d 时间。

（2）挑取一个直径为 2~3mm 的单菌落，接种到 3ml YPDA 液体培养基中，30℃，250r/min 培养 8~12h。

（3）吸取 5μl 菌液转移到 50ml 液体 YPDA 培养基中，培养到 OD_{600} 为 0.15~0.3，需要 16~20h。

（4）室温 700g 离心 5min，去上清，利用 100ml 新鲜的 YPDA 液体培养基重悬，30℃ 培养至 OD_{600} 为 0.4~0.5，需要 3~5h。

（5）将菌液分装于两个 50ml 离心管中，700g 离心 5min，去上清，用 30ml 灭菌去离子水重悬菌体。

（6）室温 700g 离心 5min，用 1.5ml 的 1.1×TE/LiAc 重悬菌体，将重悬的菌液转移到 1.5ml 离心管中，离心 15s。

（7）去上清，用 600μl 的 1.1×TE/LiAc 重悬菌体，感受态细胞即制作完毕，可用于下一步的遗传转化。

3.2.5 重组诱饵载体 pAbAi 转化酵母感受态细胞

（1）活化含有重组 pAbAi 质粒的菌种，提取质粒。将质粒进行 *Bst*BⅠ（NEB 公司）单酶切，反应体系如表 3-3 所示，反应条件为 65℃、6h。

（2）对酶切产物进行胶回收，电泳检测回收效果。

（3）根据 Clotech 酵母转化试剂盒转化重组线性化质粒，按照如表 3-4 所示体系添加反应液。

（4）轻轻混匀混合液，混匀后 30℃ 温浴 30min，每过 10min 轻轻混匀一次混合液。

表 3-3　质粒酶切反应体系

试剂	体积/μl
重组 pAbAi 质粒	2
*Bst*B I	0.4
10×Cutsmart	2
H₂O	15.6
总体积	20

表 3-4　转化体系

试剂	体积/μl
线性化 pAbAi 质粒	2
Yeastmaker Carrier DNA	5
诱饵酵母感受态细胞	50
PEG/LiAc	500

（5）加入 20μl DMSO，42℃水浴 15min，每 5min 轻轻混匀混合液。

（6）高速离心 15s，弃上清，加入 1ml YPD Plus 培养基，30℃振荡培养 90min。

（7）高速离心 15s，弃上清，用 0.9%的 NaCl 溶液 1ml 重悬细胞。

（8）取分别稀释 1/10 和 1/100 的菌液 100μl 涂布于 SD/Ura 的 YPDA 培养基上，30℃培养 3～5d，直至长出单菌落。

3.2.6　诱饵酵母的鉴定

挑取 SD/Ura 缺陷培养基上生长的诱饵酵母单菌落,进行 PCR 鉴定,菌落 PCR 体系及反应条件同上，选取 500bp 启动子片段进行 PCR 验证，对 PCR 产物进行测序。

3.2.7　报告基因在诱饵酵母中本底表达水平的测定

由于酵母单杂交实验的成功与否取决于目的启动子元件序列与酵母内源转录因子是否结合，为了避免酵母内源转录因子的泄漏表达，在筛选文库之前，需要对构建完成的酵母菌株进行金黄担子素 A（AbA）表达的筛选。挑取一个阳性诱饵酵母单菌落，利用 0.9%的 NaCl 溶液调节 OD$_{600}$ 值为 0.002,这样可以使每 100μl 菌液中大约含有 2000 个细胞。吸取 100μl 的菌液分别涂布于 SD/Ura 及 SD/Ura 含 200ng/ml AbA 的固体平板上，30℃培养 2～3d，观察酵母菌的生长情况，以确定 AbA 的最低抑制浓度。

3.2.8 白桦文库 cDNA 的合成

采用 CTAB 法提取白桦植株 RNA，电泳检测 RNA 提取质量。利用 Clontech 公司的 SMART 技术，构建白桦 cDNA 文库，原理如图 3-2 所示。通过 SMART 技术合成的 cDNA 片段两端具有与线性化的 pGADT7 载体同源的片段，可以与载体重组。

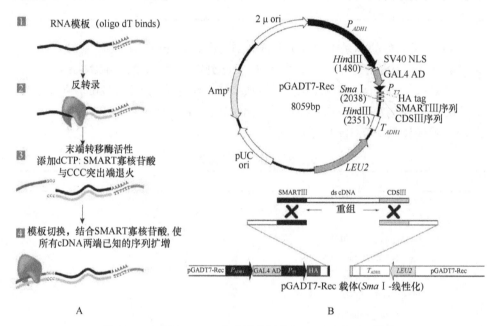

图 3-2　SMART cDNA 合成及重组进入 pGADT7-Rec 载体

（1）将电泳检测完毕的白桦总 RNA 取 1μg，按照如表 3-5 所示反应体系添加，反应条件为 72℃，2min。

表 3-5　反应体系

试剂	体积/μl
总 RNA	2
CDS Ⅲ（oligo-dT）	1
去离子水	1
总体积	4

（2）反应后立即置于冰上 2min，短暂混匀后，立即添加如表 3-6 所示试剂，轻轻混匀，42℃反应 10min。

表 3-6 反转录体系

试剂	体积/µl
5×First-Strand Buffer	2
DTT（100mmol/L）	1
dNTP（10mmol/L）	1
SMART MMLV RT	1
H₂O	4
总体积	9

（3）在反应后的体系中加入 1µl SMART Ⅲ oligo mix，42℃反应 1h。

（4）75℃，10min 终止第一链的合成。降温到室温后，加入 1µl RNase H（2U）。

（5）37℃，20min。cDNA 第一链合成完毕。保存于–20℃最多可保存 3 个月。

（6）对获得的第一链 cDNA，通过 Long Distance PCR（LD-PCR）扩增 SMART cDNA，反应体系如表 3-7 所示。

表 3-7 LD-PCR 反应体系

试剂	体积/µl
First-Strand SMART cDNA	2
Deionized H₂O	70
10×Advantage@2 PCR Buffer	10
50×dNTP Mix	2
5′PCR Primer	2
3′PCR Primer	2
Melting Solution	10
50×Advantage 2 Polymerase Mix	2
总体积	100

（7）将试剂混合均匀，开始反应，反应条件如表 3-8 所示。

表 3-8 反应条件

循环数	反应条件
1	95℃，30s
20	95℃，10s 68℃，6min（此后每个循环加 5s）
1	68℃，5min

（8）PCR 产物吸取 7µl 进行 1.2%的琼脂糖凝胶电泳，观察扩增情况，扩增产物保存于–20℃备用。

以下为 CHROMA SPIN+TE-400 Columns 法过柱纯化 ds cDNA 的步骤。

（1）利用 Clontech 试剂盒纯化 LD-PCR 扩增产物，将 CHROMA SPIN+TE-400 Columns 柱子上下颠倒数次，重悬基质。将柱子底部折断，放入 2ml 收集管中。

（2）700g 离心 5min，纯化平衡缓冲液，弃掉收集管和缓冲液，柱子呈现半干状态。

（3）将柱子放入新的收集管中，加入 PCR 扩增产物到柱子基质中，使其在柱子中央加入，不要加到管壁上。

（4）700g 离心 5min，纯化的 cDNA 现在就在收集管中。将两个纯化的 cDNA 样品混合到一个管中，测定混合液的体积。

（5）向混合液中加入 1/10 混合液体积的 3mol/L 乙酸钠（pH5.3），2.5 倍体积的预冷无水乙醇（95%～100%），–20℃处理 1h。

（6）室温 14 000r/min 离心 20min，小心弃上清。再次瞬时离心，并弃掉剩余上清。

（7）风干 10min。

（8）用 20μl 去离子水重悬 cDNA，cDNA 纯化完成，电泳检测纯化效果。

3.2.9　酵母单杂交文库的构建及筛选

（1）制作诱饵酵母感受态细胞，酵母感受态细胞的制作方法同前。

（2）按照酵母文库水平转化系统说明书进行文库的构建及诱饵酵母的转化。按如表 3-9 所示体系添加试剂。

表 3-9　转化体系

试剂	体积/μl
ds cDNA	20
Yeastmaker Carrier DNA	20
pGADT7-Rec	6
诱饵酵母感受态细胞	600
PEG/LiAc	2500

（3）轻轻混匀后，30℃培养 45min，每过 15min 轻轻混匀一次。

（4）加入 160μl DMSO 混匀，42℃水浴 20min，每过 10min 轻轻混匀一次。

（5）700g 离心 5min，弃上清，利用 3ml YPD Plus 培养基重悬细胞。

（6）30℃振荡培养 90min，700g 离心 5min，弃上清。

（7）用 0.9% NaCl 溶液 15ml 重悬细胞。

（8）将转化菌液分别稀释 1/10 和 1/100 的 100μl 菌液涂布于 SD/Leu 缺陷培养基上，30℃培养 3～5d，用来计算文库转化效率，转化效率计算公式如下：

$$总克隆数目=平板菌落数×稀释倍数×150$$

（9）将剩余重悬菌液（大约 15ml）涂布于 SD/Leu/AbA₂₀₀ 的缺陷选择培养基上，每个平板涂布 100μl，30℃ 培养 3～5d，直至长出单菌落。

3.2.10 阳性克隆菌株的鉴定

（1）对阳性克隆进行菌斑 PCR 扩增，验证插入片段，PCR 引物为文库构建载体 pGADT7 载体插入片段两端序列，根据载体序列设计。

正向引物 T7 序列为 5′ AATACGACTCACTATAGGGC 3′。

反向引物 3-AD 序列为 5′ AGATGGTGCACGATGCACAG 3′。

用灭过菌的白色小枪头挑取少量阳性克隆菌斑，加入 PCR 管中，随后按如表 3-10 所示反应体系添加试剂。

表 3-10 菌液 PCR 反应体系

试剂	体积/μl
10×EX PCR Buffer	2
dNTP Mixture	1.6
ddH₂O	13.2
EX *Taq*	0.2
T7 引物	1.5
3-AD 引物	1.5
总体积	20

（2）将 PCR 反应体系吸打混匀，按如表 3-11 所示反应条件进行 PCR 扩增。

表 3-11 反应条件

循环数	反应条件
1	95℃，10min
35	95℃，45s；55℃，45s；72℃，2min
1	72℃，10min

（3）电泳检测阳性菌斑 PCR 扩增结果，筛选扩增片段较大的 PCR 产物，送往北京华大基因进行测序工作。

3.2.11 阳性克隆 cDNA 插入片段的生物信息学分析

将测序得到的长度大于 500bp 的序列进行 NCBI 比对，预测插入的阳性 cDNA 编码蛋白的结构及功能。

3.2.12 启动子候选互作蛋白 *BpARF2* 基因的非生物胁迫响应

对筛选得到的互作候选蛋白进行非生物胁迫研究，处理白桦植株，包括低温（4℃）、脱落酸（ABA）、盐胁迫（NaCl）及干旱胁迫（PEG），分别于 6h、12h 及 24h 取材。实时荧光定量 PCR 方法同前，荧光定量引物根据 *BpARF2* 基因设计。

正向引物为 5′ GGAGCACCCACAAGGAAACTG 3′。

反向引物为 5′ TTTTGAGCCCCGTGACTGTTC 3′。

3.3 结果与分析

3.3.1 重组诱饵载体的构建

构建启动子 1156bp 片段 pAbAi 诱饵载体，经连接转化后，进行菌液 PCR 验证，结果表明（图 3-3），启动子片段已经成功连接到 pAbAi 载体的 *Xho* I 和 *Kpn* I 酶切位点之间。质粒测序比对结果表明载体构建成功，可用于后续研究。

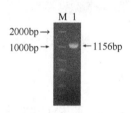

图 3-3 诱饵载体 pAbAi 的构建

M 为 DL2000 Marker；1 泳道为阳性克隆

3.3.2 重组诱饵质粒转化酵母感受态细胞

用经过 *BstB* I 单酶切线性化回收的重组诱饵载体转化酵母感受态细胞，培养 3～5d 长出单菌落后，进行菌落 PCR 验证。菌落 PCR 引物为载体引物，目标扩增条带为 490bp。电泳结果显示（图 3-4），扩增条带与预期结果一致，将扩增产物送往哈尔滨博仕生物技术有限公司进行测序工作。比对结果显示，诱饵载体已经成功转化进入酵母菌株，形成含有诱饵片段的诱饵酵母，该菌株可以用于后续研究。

3.3.3 报告基因在诱饵酵母中本底表达水平的测定

将稀释后的诱饵酵母菌液分别涂布在 AbA 浓度为 200ng/ml 和 0ng/ml 的 SD/Ura 平板上，培养 3d。结果显示（图 3-5），浓度为 200ng/ml 的 SD/Ura 平板上没有菌落生长，表明抑制诱饵酵母本底表达水平的 AbA 浓度为 200ng/ml，因此在后续研究中，采用此浓度筛选文库。

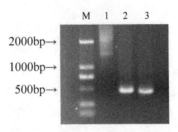

图 3-4　诱饵酵母菌落 PCR 验证

M 为 DL2000 Marker；1 泳道为空白对照酵母菌株；2 及 3 泳道为阳性克隆诱饵酵母菌株

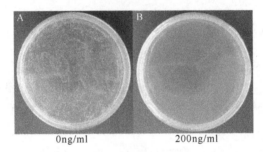

图 3-5　诱饵酵母中本底表达水平的测定

3.3.4　白桦文库 cDNA 的合成

　　白桦 cDNA 的合成采用 Clontech 的 SMART 技术，结果显示（图 3-6），cDNA 在经过 LD-PCR 后，条带呈现弥散状态，经过过柱纯化后，去掉了部分分子质量较小的 cDNA，可用于后续研究。

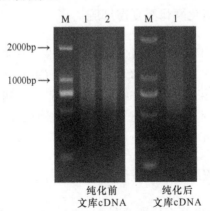

图 3-6　SMART 技术合成双链 cDNA

M 为分子质量 Marker；1、2 为样品序号

3.3.5 酵母单杂交文库的构建及筛选

由于文库构建效率直接影响互作蛋白的筛选，若文库构建效率小于 $1.0×10^6$，则会对研究结果产生影响，因此需要对 cDNA 文库的转化效率进行评估。将转化液分别稀释至 1/100、1/10，同未稀释菌液分别涂布于 SD/-leu 平板上培养 3d（图 3-7），最终在稀释 100 倍的平板上长出 70 个单克隆菌落（图 3-7A），依据公式计算筛选的总克隆数为 $70×100×150=1.05×10^6$，大于 $1.0×10^6$，表明 cDNA 文库的重组率及转化效率符合要求，酵母单杂交文库构建成功。

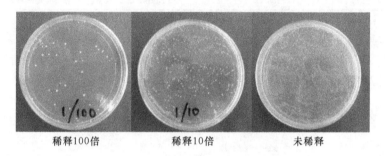

稀释100倍　　　　　　稀释10倍　　　　　　未稀释

图 3-7　酵母单杂交文库构建效率鉴定

将剩余的转化产物（约 15ml）涂在 SD/-leu（AbA 200ng/ml）的平板上，将长出的阳性克隆进行菌落 PCR 验证，部分菌落 PCR 结果如图 3-8 所示，结果表明部分菌落可能为阳性克隆，PCR 得到了部分基因插入片段，暗示着可能是与启动子片段互作的蛋白质。

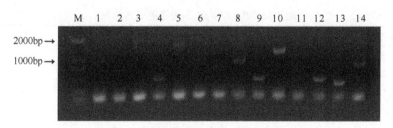

图 3-8　部分候选蛋白基因 PCR 鉴定电泳图

3.3.6 阳性克隆 cDNA 插入片段的生物信息学分析

将菌落 PCR 产物进行切胶回收，回收产物送往哈尔滨博仕生物技术有限公司进行测序。将测序结果通过 NCBI 数据库进行比对，结果表明（表 3-12），研究筛选得到了多个互作候选蛋白,其中包括一个含有 WRKY 结构域的转录因子及含有生长素响应结构域的转录因子。

表 3-12   候选蛋白 NCBI 比对结果

比对蛋白质名称（物种）	结构域	功能
Cell wall-associated hydrolase（*Medicago truncatula*）		细胞壁相关水解酶
Transmembrane protein（*Medicago truncatula*）		跨膜蛋白
Protein LOC101232191（*Cucumis sativus*）		未知
Protein TAR1-like（*Pyrus bretschneideri*）		未知
Kunitz-type protease inhibitor B（*Solanum berthaultii*）	SRPBCC 超家族	Kunitz 型蛋白酶抑制剂 B
GLYMA protein（*Glycine max*）		WRKY 转录因子
WRKY transcription factor 1（*Populus euphratica*）	WRKY 超家族	WRKY 转录因子
Auxin response factor 2（*Populus trichocarpa*）	B3 DNA/AUX_IAA	生长素响应转录因子

酵母单杂交筛选得到了一个 WRKY 转录因子的基因，将其命名为白桦 *BpWRKY1* 基因，该基因全长 1371bp，编码 456 个氨基酸。对其进行结构域分析发现（图 3-9），该基因含有 WRKY 结构域，属于 WRKY 转录因子家族。

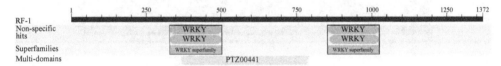

图 3-9   白桦 *BpWRKY1* 基因结构域分析

将筛选得到的 *BpWRKY1* 基因全长序列进行 NCBI 对比，结果（表 3-13）表明，该基因与蓖麻中 WRKY1 转录因子一致性较高，达到了 57%，同时与胡杨及拟南芥也具有高的一致性。

表 3-13   *BpWRKY1* 基因序列比对结果

物种名称	拉丁名	登录号	同源性/%
蓖麻	*Ricinus communis*	XP_002533869.1	57
胡杨	*Populus euphratica*	XP_011048957.1	56
拟南芥	*Arabidopsis thaliana*	NP_849936.1	55
麻风树	*Jatropha curcas*	XP_012081426.1	54
苹果	*Malus domestica*	XP_008342183.1	51
大豆	*Glycine max*	XP_003518571.1	47

对选取的上述序列进行序列同源性比对，结果表明（图 3-10），选取的 WRKY 家族转录因子在共同结构域部分一致性较高，而在其余部分表现出物种特异性。

系统进化树结果显示（图 3-11），克隆得到的白桦 *BpWRKY1* 基因与大豆中的 *WRKY1* 基因进化关系最近，同时与苹果中 WRYY1 家族转录因子关系较近，而与拟南芥中的 WRKY1 转录因子进化关系较远。

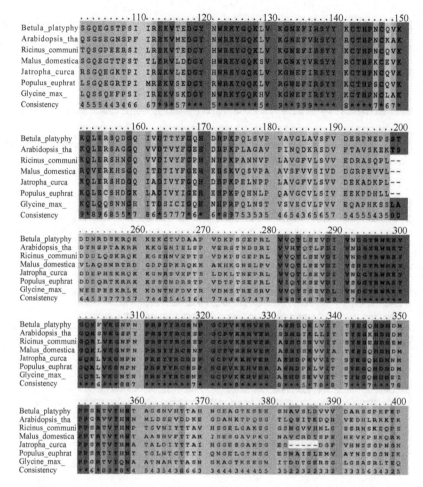

图 3-10 BpWRKY1 蛋白的氨基酸序列比对（彩图请扫封底二维码）

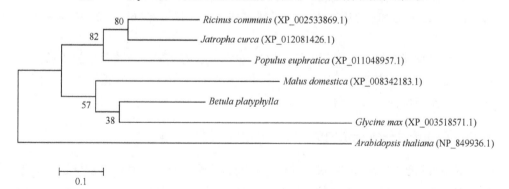

图 3-11 *BpWRKY1* 基因系统发育进化树

酵母单杂交同时筛选得到一个生长素响应转录因子,将其命名为白桦 *BpARF2* 基因,该基因全长 2526bp,编码 841 个氨基酸。对其进行结构域分析发现(图 3-12),该转录因子含有一般转录因子的特定结构域,包含一个 DNA 结合域,一个中间结构域(生长素响应结构域)及一个 AUX_IAA 结构域。其中,中间结构域对下游基因进行激活或者抑制调节,而 AUX_IAA 则为羧基末端的二聚作用结构域。

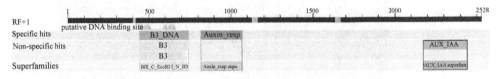

图 3-12 白桦 *BpARF2* 基因结构域分析(彩图请扫封底二维码)

NCBI 比对结果显示(表 3-14),该基因与葡萄中 Auxin response factor 2 转录因子基因同源性最高,达到了 79%。同时,与同为木本植物的毛果杨同源性也达到了 76%,而与拟南芥中的 Auxin response factor 2 基因同源性只有 67%。

表 3-14 *BpARF2* 基因序列比对结果

物种名称	拉丁名	登录号	同源性/%
葡萄	*Vitis vinifera*	XP_002284543.1	79
毛果杨	*Populus trichocarpa*	XP_002322300.1	76
麻风树	*Jatropha curcas*	XP_012090599.1	75
胡杨	*Populus euphratica*	XP_011042961.1	75
苹果	*Malus domestica*	XP_008374175.1	74
大豆	*Glycine max*	XP_003526928.1	72
拟南芥	*Arabidopsis thaliana*	NP_851244.1	67

选取了 7 种同源性较高物种中的 Auxin response factor 2 及 Auxin response factor 2-like,进行氨基酸序列比对,结果表明(图 3-13),在 60～520 结构域部分一致性较高。

系统进化树分析结果表明(图 3-14),白桦 *BpARF2* 基因与葡萄中的生长素响应因子 2 进化关系最近,同时与苹果中的该转录因子进化关系较近,而与拟南芥中的生长素响应因子 2 较远。

3.3.7 启动子互作候选蛋白 *BpARF2* 基因非生物胁迫响应

对筛选得到的 *BpARF2* 基因进行非生物胁迫响应研究。对白桦植株进行非生物胁迫及激素处理后,进行实时荧光定量 PCR 鉴定。结果表明(图 3-15),白桦 *BpARF2* 基因对于 ABA 处理响应明显,在处理期间基因表达量均为上调表达,与之相反,PEG 处理期间,目的基因表达量均为下调,而低温及盐胁迫处理对目的基因表达量调控均不明显。

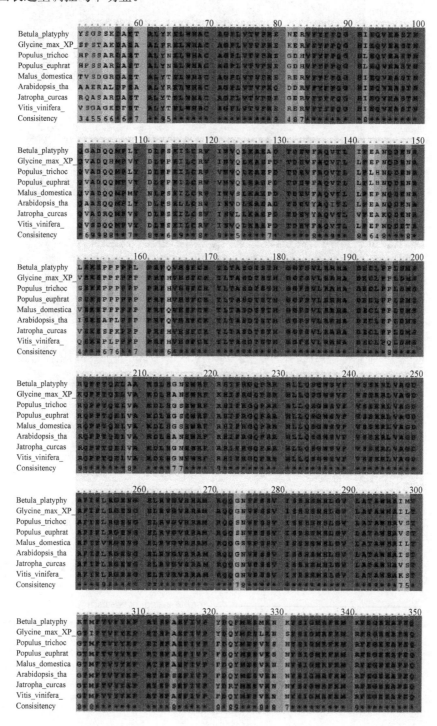

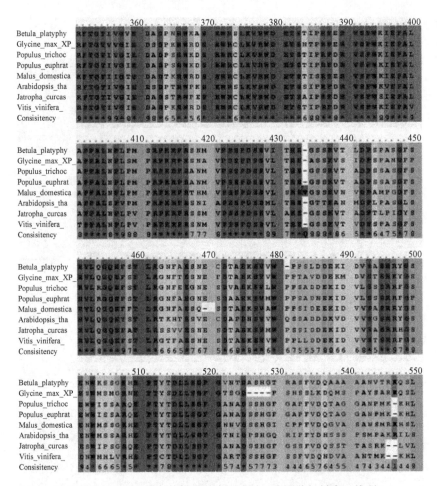

图 3-13　BpARF2 蛋白的氨基酸序列比对（彩图请扫封底二维码）

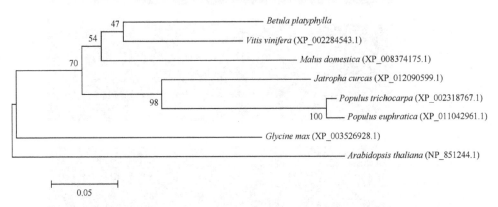

图 3-14　*BpARF2* 基因系统发育进化树

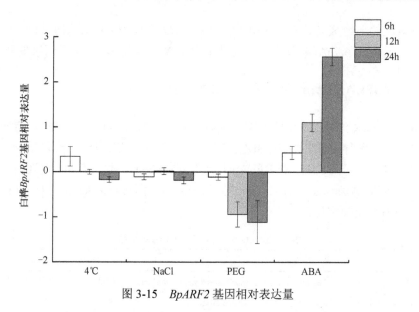

图 3-15 *BpARF2* 基因相对表达量

3.3.8 MYB-pAbAi 重组诱饵载体的构建

构建启动子 MYBPLANT 三次重复元件 pAbAi 诱饵载体，经连接转化测序后，对测序结果进行比对。结果（图 3-16）表明，启动子 MYBPLANT（AACCTACC）

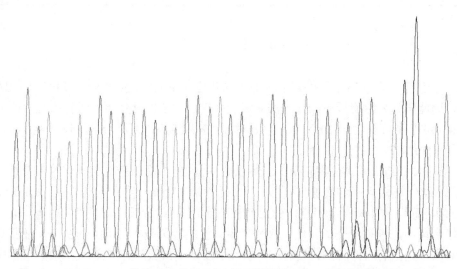

图 3-16 MYB-pAbAi 载体三次重复元件插入片段测序验证（彩图请扫封底二维码）

黑色加粗序列部分为 MYBPLANT 三次重复元件插入片段

三次重复元件已经成功连接到 pAbAi 载体的 *Xho* Ⅰ和 *Hind* Ⅲ酶切位点之间，且无突变，重组的 pAbAi 载体命名为诱饵载体 MYB-pAbAi，可用于后续的研究。

3.3.9　MYBPLANT 元件互作候选蛋白的筛选

将菌落 PCR 产物进行切胶回收，回收产物送往哈尔滨博仕生物技术有限公司进行测序。将测序结果进行 BlastX 比对，结果显示（表 3-15），酵母单杂交方法初步筛选到了部分可能与 MYBPLANT 元件互作的蛋白质。其中，主要包括含有 PHD 结构域的 Alfin-like 蛋白、蛋白糖基化转录因子 MYB-like 及含有 mltD 结构域的一种细胞膜锚定蛋白。

表 3-15　cDNA 片段 NCBI 比对结果

比对蛋白质名称	结构域	功能
拟南芥 GF14 蛋白（14-3-3-like protein GF14 lambda）（*Arabidopsis thaliana*）	14-3-3	调节转录因子蛋白
泛素（putative polyubiquitin）（UBQ10）（*Arabidopsis thaliana*）	UBQ	标记分解蛋白质
PHD 锌指家族蛋白（PHD finger family protein）（*Populus trichocarpa*）	PHD/DUF3594	功能未鉴定
假定蛋白（hypothetical protein POPTR_0006s27010g）（*Populus trichocarpa*）	DUF4050	功能未鉴定
LysM 结构域 GPI 锚定蛋白 1 前体（LysM-domain GPI-anchored protein 1 precursor）（*Populus trichocarpa*）	mltD	锚定蛋白，与糖基化相关
戊炔草胺敏感家族蛋白（PROPYZAMIDE-HYPERSENSITIVE 1 family protein）（*Populus trichocarpa*）	PRK12361/AFK	磷酸激酶
蛋白质糖基化 MYB TTH 的转录因子（protein glycosylation myb-like TTH transcriptional regulator）（*Leucadendron loranthifolium*）		蛋白糖基化转录因子

3.4　讨　　论

由于启动子 1156bp 元件对多种非生物胁迫产生响应，包括 NaCl、PEG 及 ABA 等，因此研究采用酵母单杂交方法对可能调控启动子的互作蛋白进行筛选，研究结果筛选得到了一个 WRKY 家族转录因子（BpWRKY1）及一个生长素响应转录因子（BpARF2）。

WRKY 结构域为植物转录因子超家族，包含 1 或 2 个结构域。筛选得到的 BpWRKY1 转录因子结构域结合的 DNA 元件为 W-box，序列为（T）（T）TGAC（C/T），而其中的核心元件 TGAC 为 WRKY 结构域结合的必需序列。在选取的启动子片段中，具有两个该元件。研究表明，这些转录因子与非生物胁迫及细胞衰老相关，包括病原体防御、衰老和毛状体的发育（田云等，2006），同时，烟草中 *WRKY1* 基因的研究结果表明，该转录因子与细胞死亡相关，而这种调节作用受到蛋白激酶的调控。

　　BpARF2 基因与毛果杨中生长素响应因子 2 的一致性较高，并且包含有多个转录因子的特定区域。有研究表明，生长素响应转录因子是一种调控生长素响应的 DNA 结合蛋白，可以通过结合特定 DNA 序列来激活或者抑制生长素相关基因的表达，其结合基序为 TGTCTC（Tiwari et al., 2003）。在选取的启动子 1156bp 元件中，含有 3 个该转录因子结合的 DNA 基序，并且其中两个 TGTCTC 基序串联在一起，形成二次重复元件。这暗示着 BpARF2 生长素响应转录因子可能在启动子的转录调控中起到重要的作用。

　　ARF 转录因子属于 B3 结构域转录因子，为植物中特有的转录因子，拟南芥中已经发现 118 个编码基因，分为 23 个家族，而对 ARF2 家族研究结果表明，其与逆境应答和花器官早衰相关（罗光宇等，2013）。生长素在植物体中多以化合物的形式存在，而糖基化修饰便是一种重要的形式（王会勇，2013）。拟南芥中对 *UGT84B1* 糖基转移酶基因的过表达植株的研究表明，该基因可导致植株生长素缺失（Jackson et al., 2002），而赤豆中的一个脱落酸糖基转移酶体外研究表明，该基因产物可以使反式脱落酸糖基化（Xu et al., 2002）。同时，转录因子 *BpARF2* 基因的非生物胁迫研究表明，该转录因子对 ABA 响应显著，受到 ABA 诱导后，该基因上调表达。这暗示着白桦 *ARF2* 基因不仅在生长素的响应途径中具有重要的作用，同时也在介导生长素与其他激素的互作中扮演着重要的角色，这对于激素互相调控的研究具有重要意义。对于杨树中 *BpARF2* 基因组织特异性表达的研究发现，该家族的多个基因在木质部及韧皮部中高表达（Kalluri et al., 2007），这与白桦 *BpGT14* 基因表达模式的分析是一致的（李蕾蕾等，2016），这是否暗示着白桦 BpARF2 转录因子对 *BpGT14* 基因功能调控的同步性尚不清楚，但可以肯定的是，白桦 BpARF2 转录因子可以通过结合 *BpGT14* 基因启动子基序 TGTCTC，对下游的 *BpGT14* 进行调控，同时 3 个 TGTCTC 基序的出现（且有两个串联重复），表明该转录因子对于基因表达调控的重要性，暗示着生长素对该基因的功能调节，然而白桦 *BpGT14* 基因与生长素及 ABA 的互作分析还需要进一步研究。

　　转录因子是植物感知逆境信号和信号传递过程中将细胞质内信号介导进入细胞核、调控细胞核内相关基因表达的关键蛋白，它们具有诱导表达的特性（刘志钦，2010）。因此启动子结合转录因子的鉴定，对于基因功能的研究具有重要意义。研究通过酵母单杂交的方法，筛选得到了多个与 MYBPLANT 元件互作的候选蛋白。作为蛋白质的转录因子，从功能上分析其结构可包含有不同区域，包括 DNA 结合域及转录激活域。但不同的转录因子可能缺少其中某一功能域，如 DNA 结合域或者转录调控域（刘强和张贵友，2000）。

　　筛选得到了一个含有 PHD 及 DUF3594 结构域的候选蛋白，属于 Alfin-like 蛋白，其 DNA 结合位点 PHD 结构域及功能位点 DUF3594 结构域可能共同作用，调节基因的表达，但 DUF3594 结构域的功能并不清楚。有研究表明，Alfin-like

蛋白是一类含锌指结构的转录调控因子,在植物抗逆过程中扮演着重要的角色(Song et al.,2013)。Alfin-like 蛋白序列两端的 DUF3594 和 PHD 锌指结构域存在显著的共进化关系,后者在结构上可能倾向于结合 DNA 双螺旋,而前者倾向于和其他蛋白质结合行使功能,二者的共进化关系揭示了两个蛋白质结构域功能上的统一(Song et al.,2013)。

已经有研究表明,MYBPLANT 启动子元件相似序列受到 MYB 类转录因子调控作用,包括烟草中的 MYB305 转录因子,其被证明与 P-box-like 序列结合,元件为 CAGCTACCA(Sablowski et al.,1994)。同时,MYB308 和 MYB330 对烟草苯丙烷途径及木质素合成具有调控作用,其作用位点为 *4CL* 基因启动子区域的相似元件(Tamagnone et al.,1998)。本研究筛选得到了一个 MYB-like 家族转录因子,该转录因子与糖基化修饰相关,但其功能及结合基序目前并未有相关报道。糖基化修饰在植物苯丙烷代谢途径中至关重要,而筛选得到的 MYB-like 转录因子,暗示着 *BpGT14* 基因可能在苯丙烷代谢途径中具有重要作用。

同时,在基因转录的起始过程中,涉及很多蛋白质与 DNA、蛋白质与蛋白质之间相互作用的复杂关系,而许多转录因子的功能是通过磷酸化和糖基化来调控的(张文峰,2006),研究筛选得到了磷酸化及糖基化相关的蛋白质,可能通过蛋白质与蛋白质的相互作用调节转录因子的活性。同时,有研究表明,14-3-3 蛋白可以结合磷酸化的目的蛋白,通过调节转录因子来行使功能(周颖等,2012)。该蛋白质具有多种生物学功能,尤其与生物及非生物胁迫、初生代谢及植物生长发育相关(周颖等,2012)。研究同时筛选到了多个功能未知的蛋白质,含有 DUF结构域,其均属于功能未知家族蛋白质结构域,有研究表明,多个 DUF 编码基因与细胞壁的合成相关,参与细胞壁的发育,但多为编码细胞壁合成组分相关酶,参与调控了植物次生细胞壁木聚糖的合成(罗成科等,2015)。因此,多个 DUF蛋白的研究对于进一步阐述 DUF 结构域的功能具有重要意义。

研究筛选得到了多个启动子元件互作候选蛋白,然而,由于酵母与一些高等真核生物相比缺乏一些高等生物所特有的修饰过程,在酵母中发生的 DNA-蛋白质相互作用能否在植物细胞核内发生,还需要进一步证实。

3.5 本 章 小 结

利用酵母单杂交技术,对启动子 1156bp 序列进行互作蛋白的筛选,得到一个WRKY 家族转录因子,命名为 *BpWRKY1* 基因。该转录因子结构域结合的 DNA元件为 W-box,序列为(T)(T)TGAC(C/T),而其中的核心元件 TGAC 为 WRKY结构域结合的必需序列,而在选取的启动子序列中,具有两个该元件。同时得到一个生长素响应因子 2 转录因子,命名为 *BpARF2* 基因,该基因含有转录因子特定结构域，其结合基序为 TGTCTC。*ARF* 基因编码生长素响应转录因子，可以通过生长素的调节，对下游基因表达进行激活或者抑制。启动子中含有 3 个该元件基序，并且其中两个元件为串联重复，表明生长素对启动子具有重要调控作用。同时，对该转录因子进行非生物胁迫处理，结果表明，ABA 处理可以诱导该基因上调表达，暗示着该转录因子与 ABA 激素之间的调控关系。

进一步对启动子 MYBPLANT 元件进行了互作候选蛋白的筛选。筛选的文库范围大于 1.0×10^6，文库筛选大小可靠。最终将筛选得到的菌落 PCR 片段进行比对分析，结果显示出多个候选蛋白。其中主要包括含有 PHD 结构域的 Alfin-like 蛋白、含有 mltD 结构域的一种细胞膜锚定蛋白及蛋白糖基化相关 MYB-like 转录因子等。对于这些候选蛋白的结构域分析暗示着其与 MYBPLANT 元件的互作可能性。研究筛选得到的多个候选蛋白对于启动子元件的调控具有重要作用，其进一步的功能鉴定有助于明确基因表达的调控网络，为基因功能的研究提供证据。

4　启动子 MYBPLANT 元件结合候选蛋白的鉴定

4.1　实　验　材　料

pBI121 及 pCXGUS 载体均为本实验室保存。反转录及荧光定量试剂盒均购自 TaKaRa 公司。

4.2　实　验　方　法

4.2.1　候选蛋白互作强弱初步鉴定

（1）对筛选得到的 3 个与 MYBPLANT 元件互作的候选蛋白及 1 个与启动子 1156bp 片段互作的候选蛋白进行初步验证，分别为蛋白糖基化转录因子、Alfin-like 蛋白、DUF4050 功能未知蛋白及生长素响应转录因子 BpARF2。挑取 SD/-leu/AbA200 平板上 4 种候选蛋白的单克隆酵母菌落，将其接种于 SD/-leu/AbA200 液体培养基中，培养过夜。

（2）将培养过夜的 4 种菌液，分别溶于 0.9%的 NaCl 溶液中，对于每个菌种，均调节 OD_{600} 值至分别为 0.1、0.2、0.5、1.0。

（3）吸取 4 种候选蛋白各 4 个梯度的菌液各 5μl，分别滴于浓度为 200ng/ml AbA 的 SD/-leu 固体培养基上，培养 2d 后，观察菌斑生长情况。

4.2.2　白桦 *BpAL4* 基因的克隆

（1）通过酵母单杂交的筛选，得到了多个可能与 MYBPLANT 元件互作的候选蛋白。研究选取了白桦 *Alfin-like* 基因，为了验证其与 MYBPLANT 元件的互作关系，同时对其功能进行预测，进行了白桦植株中的克隆。利用 CTAB 法提取白桦总 RNA，方法同前。

（2）利用 TaKaRa 反转录试剂盒（Code No. 6110A）进行白桦 cDNA 第一链的合成，反应体系如表 4-1 所示，反应条件为 65℃，5min。

（3）反应完毕后将反应液迅速置于冰上冷却。

（4）按如表 4-2 所示反应体系配制反应液体。缓慢混匀后，42℃温浴 1h。

（5）95℃，5min 灭活，cDNA 第一链合成完毕，–20℃保存备用。

表 4-1   反转录体系

反应试剂	体积/μl
Oligo dT 引物	1
dNTP Mixture	1
Total RNA	3
RNase free dH$_2$O	5
总体积	10

表 4-2   反转录体系

反应试剂	体积/μl
Oligo dT 引物	10
5×PrimeScript Buffer	4
RNase Inhibitor（40U/μl）	0.5
PrimeScript RTase（200U/μl）	1
RNase free dH$_2$O	4.5
总体积	20

（6）根据酵母单杂交 *Alfin-like* 基因插入片段设计 PCR 克隆全长引物。

上游引物为 5′ TCTGGAACTGTACGCACATGGACG 3′。

下游引物为 5′ CATTAACCCACCTCCCCGTGATA 3′。

（7）利用反转录得到的白桦 cDNA 第一链产物及引物序列，扩增白桦 *Alfin-like* 基因，PCR 反应体系如表 4-3 所示。

表 4-3   PCR 反应体系

试剂	体积/μl
10×EX PCR Buffer	2
dNTP Mixture	1.6
ddH$_2$O	11.2
EX *Taq*	0.2
正向引物	1.5
反向引物	1.5
cDNA	2
总体积	20

（8）将 PCR 反应体系混合均匀，按如表 4-4 所示条件反应。

（9）电泳检测 PCR 扩增产物条带，并对其进行回收，胶回收方法同前。

（10）构建 T 载体亚克隆，方法同前。

（11）将构建成功的亚克隆菌液送往哈尔滨博仕生物技术有限公司测序。

表 4-4　PCR 反应条件

循环数	反应条件
1	95℃，3min
35	95℃，45s；55℃，45s；72℃，1min
1	72℃，10min

4.2.3　白桦 *BpAL4* 基因生物信息学分析

（1）利用 DNAMAN 软件，将测序得到的亚克隆基因序列与酵母单杂交筛选得到的 cDNA 序列进行比对，得到白桦中该基因的序列，同时观察是否存在突变。

（2）利用在线分析软件进行白桦 *Alfin-like* 基因生物信息学分析。利用 ProtParam 对氨基酸序列进行理化性质分析（王浩然等，2015）。利用 NCBI 数据库的蛋白质结构域分析功能（http://www.ncbi.nlm.nih.gov/cdd/），对蛋白质的结构域进行分析。通过 BlastX（http://blast.ncbi.nlm.nih.gov/Blast.cgi）进行氨基酸序列比对，同时选取了同源性较高的序列，应用 PRALINE（http://www.ibi.vu.nl/programs/pralinewww/）在线多序列比对软件进行同源序列比对分析，利用 MEGA 5.0 软件、Neighbor-Joining 算法构建了系统进化树。

4.2.4　候选蛋白互作强弱初步鉴定

pBI121 植物表达载体含有 CaMV 35S 启动子及 *GUS* 报告基因，研究通过 *Sac* I 和 *Bam*H I 双酶切，将 *GUS* 基因切除，替换为白桦 *Alfin-like* 基因（图 4-1），构建了 pBI121 重组效应载体。

LB　　　　CaMV 35S　　　　　互作基因（替换*GUS*）　　Nos-T　　　　RB

图 4-1　共转化研究中效应载体构建

（1）利用 In-Fusion HD cloning kit（TaKaRa）构建目的基因 pBI121 植物表达载体。根据 In-Fusion 载体克隆引物设计原则，在引物两端加上相应接头及 *Sac* I 和 *Bam*H I 酶切位点。

正向引物为 5′ GGACTCTAGAGGATCCATGGACGGAGGAGGACAG 3′。

反向引物为 5′ GATCGGGGAAATTCGAGCTCTCAAGGACGCGCTCTCTT 3′。

（2）活化含有 *Alfin-like* 目的基因的亚克隆菌液，提取质粒，方法同前。利用质粒作为模板，扩增目的基因，反应体系如表 4-5 所示。

表 4-5 菌液 PCR 反应体系

试剂	体积/μl
10×EX PCR Buffer	2
dNTP Mixture	1.6
ddH$_2$O	12.2
EX *Taq*	0.2
正向引物	1.5
反向引物	1.5
质粒	1
总体积	20

（3）将反应液混合均匀，进行 PCR 反应，反应条件如表 4-6 所示。

表 4-6 反应条件

循环数	反应条件
1	95℃，3min
35	95℃，45s；55℃，45s；72℃，1min
1	72℃，10min

（4）电泳检测 PCR 扩增产物目的条带，并对其进行切胶回收。

（5）对 pBI121 植物表达载体进行 *Sac* I 和 *Bam*H I 双酶切，切除两个酶切位点之间的 *GUS* 基因。酶切反应体系如表 4-7 所示，反应条件为 37℃，25min。之后 80℃ 5min，灭活。

表 4-7 酶切反应体系

试剂	体积/μl
pBI121 质粒	5
Buffer	2
Sac I	2
*Bam*H I	2
ddH$_2$O	9
总体积	20

（6）电泳检测双酶切效果，并对 pBI121 双酶切质粒进行切胶回收。

（7）利用 In-Fusion 试剂盒进行 PCR 扩增的目的基因及双酶切质粒 pBI121 的连接反应，反应体系如表 4-8 所示，反应条件为 50℃，15min。

（8）用连接产物转化 DH5α 感受态细胞，并挑取单菌落进行 PCR 扩增验证，将阳性克隆送往哈尔滨博仕生物技术有限公司测序。

表 4-8　连接反应体系

试剂	体积/μl
5×In-Fusion HD Enzyme Premix	0.5
线性化 pBI121	1
目的基因（PCR 产物）	3
ddH₂O	0.5
总体积	5

4.2.5　三次重复元件 pCXGUS 植物表达载体构建

pCXGUS 载体含有 *GUS* 报告基因（图 4-2），但其前端无启动子序列，而含有 *ccdB* 致死基因。研究通过 *Xcm* I 单酶切的方法，将 *GUS* 报告基因前端的 *ccdB* 基因切除，替换为 MYBPLANT 三次重复元件及 35S 启动子的最小启动片段 46bp（图 4-2），构建 pCXGUS 重组报告载体。

图 4-2　共转化研究中报告载体构建

（1）合成 MYBPLANT 元件三次重复序列，并在其后端加上 35S 启动子最小启动片段 46bp，同时在 3'端加入 A 尾，送往上海生工生物公司进行 DNA 合成。

上游片段序列为　<u>AACCTACCAACCTACCAACCTACC</u>ACCCTTCCTCTATATAAGGAAGTTCATTTCATTTGGAGAGAACACGG*A*。

下游互补片段序列为　CCGTGTTCTCTCCAAATGAAATGAACTTCCTTATATAGAGGAAGGGT<u>GGTAGGTTGGTAGGTTGGTAGGTT</u>*A*。

同时设计其元件突变序列。

上游突变元件片段为　<u>ATTACTTCATTACTTCATTACTTC</u>ACCCTTCCTCTATATAAGGAAGTTCATTTCATTTGGAGAGAACACGG*A*。

下游互补突变元件片段为　CCGTGTTCTCTCCAAATGAAATGAACTTCCTTATATAGAGGAAGGGT<u>GAAGTAATGAAGTAATGAAGTAAT</u>*A*。

其中，下划线部分为三次重复元件及与三次重复元件相应的突变元件，斜体部分的 A 为末端 A 尾。其余部分为 46bp 启动子片段。

（2）将合成的两组（4 条）DNA 单链序列分别成对进行退火反应。利用 TE 缓冲液稀释到终浓度为 100μmol/L，按照上下游序列 1∶1 的比例混合，进行退火反应。

（3）活化含有 pCXGUS 质粒的菌株，提取质粒，利用 *Xcm* I 酶对质粒进行酶切，酶切后载体含有两个 T 尾，反应体系如表 4-9 所示，37℃反应时间为 2h。而后 65℃ 20min 灭活。

表 4-9 酶切反应体系

试剂	体积/μl
pCXGUS 质粒	6
10×Buffer	2
Xcm I	1
ddH₂O	11
总体积	20

（4）电泳检测酶切质量，并对酶切产物进行切胶回收。

（5）将退火产物稀释 100 倍，与线性化 pCXGUS 载体进行连接反应，反应体系如表 4-10 所示，反应条件为 15℃过夜。

表 4-10 连接反应体系

试剂	体积/μl
pCXGUS 线性化质粒	1
双链元件 DNA/突变元件 DNA	4
T4 DNA Ligase	0.4
10×Buffer	1
H₂O	3.6
总体积	10

（6）用连接产物转化 DH5α 感受态细胞，并挑取单菌落，测序验证。

测序验证引物为 5′ ATCGGCTTCAAATGGCGTATA 3′。挑选插入方向正确的阳性克隆进行后续研究。

4.2.6　三亲杂交及农杆菌的遗传转化

（1）利用三亲杂交方法分别将 pBI121 空质粒、Alfin-pBI121 质粒、pCXGUS-MYBPLANT 质粒及 pCXGUS-MYBPLANT-Mutant 质粒转化到农杆菌中，方法同前。

（2）利用农杆菌侵染烟草叶片，共分 5 组。第一组为 pBI121 空载体农杆菌侵染烟草叶片，第二组为 pCXGUS-MYBPLANT 农杆菌侵染，第三组为 pCXGUS-MYBPLANT-Mutant 农杆菌侵染，第四组为 Alfin-pBI121 及 pCXGUS-MYBPLANT 农杆菌共侵染烟草叶片，第五组为 Alfin-pBI121 及 pCXGUS-MYBPLANT-Mutant 农杆菌共侵染烟草叶片。

（3）将 pBI121 空载体农杆菌、pCXGUS-MYBPLANT 农杆菌、pCXGUS-

MYBPLANT-Mutant 农杆菌及 Alfin-pBI121 农杆菌 OD 值均调节到 0.6，保证含有 *GUS* 基因的报告载体对于烟草的侵染量一定，并且对于单农杆菌及双农杆菌侵染的植株，报告载体的浓度均一致。具体侵染方法同前，每组均重复三次。

4.2.7 烟草中 *GUS* 基因表达水平鉴定

（1）对 5 组不同菌株侵染的烟草叶片进行 GUS 染色，方法同前。

（2）对侵染叶片 *GUS* 基因表达量进行荧光定量 PCR 鉴定，设计烟草内参引物及 *GUS* 定量引物。

烟草内参基因正向引物为 5′ GGTAGCTCCACCTGAGAGGAAGT 3′，反向引物为 5′ GCCTTTGCAATCCACATCTGT 3′。

GUS 基因定量正向引物为 5′ TGCCCAACCTTTCGGTATAA 3′，反向引物为 5′ TCCTGTAGAAACCCCAACCC 3′。

4.2.8 非生物胁迫下白桦 *BpAL4* 基因表达水平鉴定

对白桦组织培养植株进行非生物胁迫及激素处理，包括低温诱导（4℃）、盐胁迫（NaCl）、干旱胁迫（PEG）及脱落酸诱导（ABA），通过实时荧光定量 PCR 技术鉴定白桦中 *Alfin-like* 基因的表达水平，分析其对非生物胁迫诱导的响应情况。RT-PCR 白桦定量引物内参基因同前（肌动蛋白 Tu），白桦 *Alfin-like* 基因荧光定量引物如下：

正向序列为 5′ TTTGGTGCCAGATTTGGTTTTG 3′。

反向序列为 5′ TCCTTCGGCTGTTTCTTTGTAG 3′。

荧光定量 PCR 方法同前。

4.3 结果与分析

4.3.1 候选蛋白互作强弱鉴定

通过酵母单杂交筛选得到了多个互作候选蛋白，我们从中选出了 3 个与 MYBPLANT 互作的候选蛋白及 1 个与启动子 1156bp 互作的候选蛋白，进行蛋白质-DNA 结合的初步验证。结果表明（图 4-3），选取的 4 个候选蛋白生长情况不尽相同，表明其互作强弱不同。含有生长素响应因子及 *Alfin-like* 候选蛋白的酵母菌株生长较快，这说明其可能具有较强的互作效应。相反，含有 DUF4050 功能未知蛋白的菌株生长最为缓慢，其互作效果有待进一步研究。

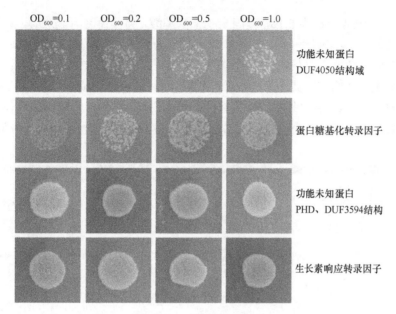

图 4-3　互作强弱验证

4.3.2　白桦 *BpAL4* 基因的克隆

根据酵母单杂交筛选得到的 cDNA 序列设计引物扩增得到了白桦 *BpAL4* 基因全长序列，连接到 pEAZY-T5 载体中，菌液 PCR 验证结果显示（图 4-4），接入 T 载体的片段与预期大小一致。将连接后的载体质粒送往哈尔滨博仕生物技术有限公司进行测序，测序结果与酵母单杂交筛选得到的 cDNA 进行序列比对，结果完全一致，未发生任何突变，表明白桦 *BpAL4* 基因克隆成功，同时构建的亚克隆载体可用于进一步的研究。

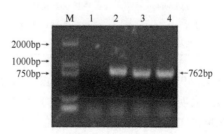

图 4-4　白桦 *Alfin-like* 基因 PCR 检测

4.3.3　白桦 *BpAL4* 基因生物信息学分析

通过生物信息学分析，结果表明该基因编码区全长 762bp，相对分子质量为

60 905.2，理论等电点为 5.16，编码 253 个氨基酸，将其命名为 *BpAL4*。亚细胞定位预测结果显示，该蛋白质定位于叶绿体的得分为 9。利用 NCBI 数据库的蛋白质结构域分析功能，对蛋白质的结构域进行分析。结果表明（图 4-5），该蛋白质含有两个重要结构域，其一为 PHD 锌指结构域，这个结构域在 Alfin1-like（AL）蛋白中被发现，AL 蛋白是植物中特有的一类蛋白质，它们通过结合顺式作用元件调控核染色质。另外一个结构域为 DUF3594 结构域，其功能目前并不清楚。

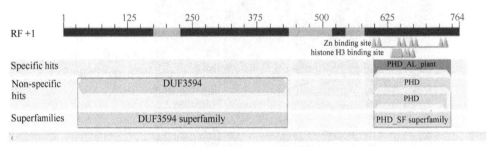

图 4-5　蛋白质结构域分析（彩图请扫封底二维码）

通过 NCBI 的 BlastX 进行氨基酸序列比对（表 4-11），结果表明克隆所得到的基因编码的蛋白质与其他物种中的 ALFIN-LIKE-4 蛋白同源性较高，其中，该蛋白质与胡杨中的 ALFIN-LIKE-4 蛋白同源性达到了 88%，同源性最高，同时与麻风树中的该蛋白质同源性达到了 85%。

表 4-11　氨基酸序列比对结果

物种名称	拉丁名	登录号	同源性/%
胡杨	*Populus euphratica*	XP_011011112.1	88
麻风树	*Jatropha curcas*	XP_012077221.1	85
毛果杨	*Populus trichocarpa*	XP_002324777.1	83
蓖麻	*Ricinus communis*	XP_002516111.1	84
葡萄	*Vitis vinifera*	XP_003633111.1	84
大豆	*Glycine max*	XP_006593369.1	84

对选取的 6 种蛋白质及白桦中克隆得到的目的蛋白共计 7 种蛋白质的编码氨基酸进行序列比对，结果表明（图 4-6），这些蛋白质之间一致性很高，尤其是在 DUF3594 及 PHD 结构域的部分，说明这些蛋白质的结构域高度保守，与其功能存在着密切的联系，这为该基因的功能研究提供了参考价值，通过不同物种中同源基因功能推测未知基因的作用，对基因功能的研究有着重要意义。

系统进化树可以直观表现物种的进化关系，我们对选取的蛋白质进行系统进化树构建，结果表明这些物种大致可以分为 3 类（图 4-7）。白桦与大豆可分为一组，葡萄单独为一组，其余物种分为一组。胡杨与毛果杨的亲缘关系较近，它们与白桦目的蛋白的同源性分别达到了 88%及 83%，两个物种分在了一组，而白桦则未在这组中出现。

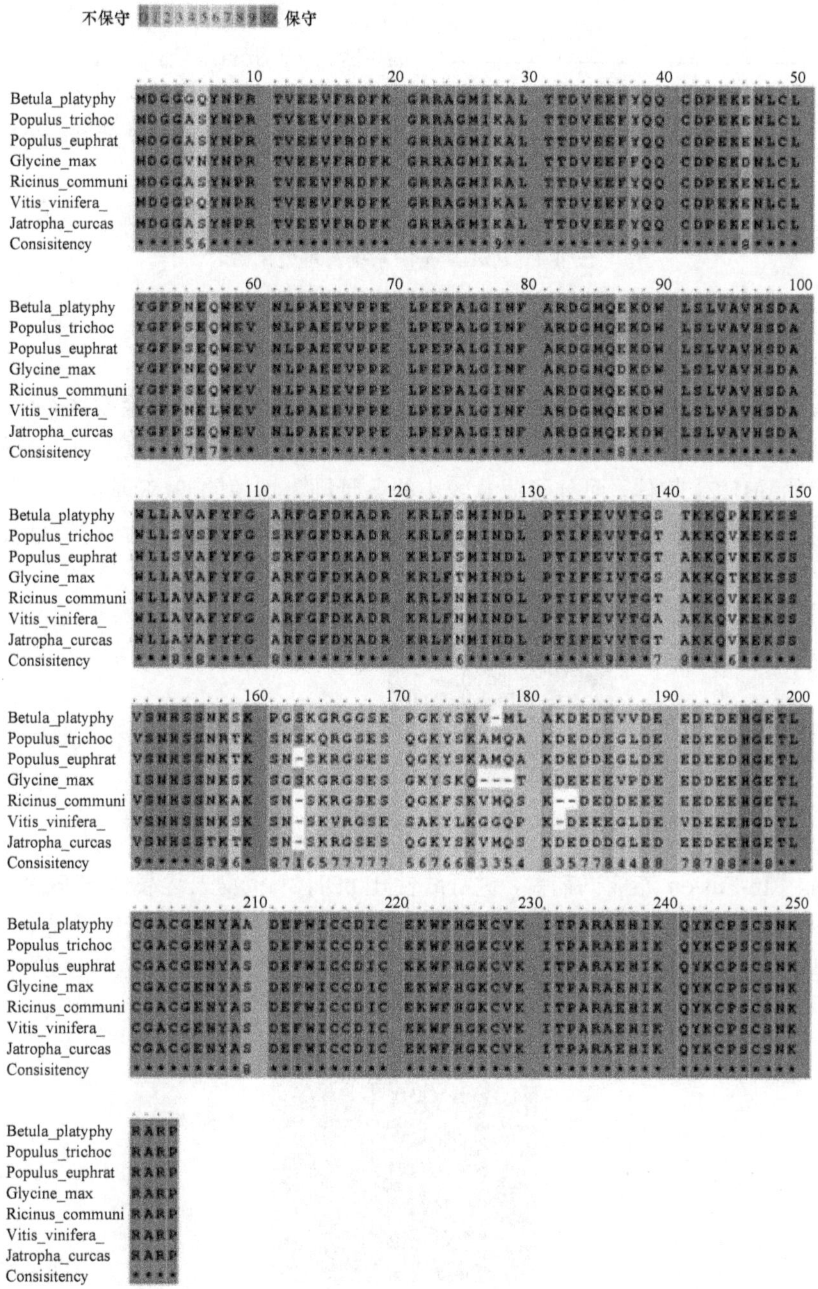

图 4-6 *BpAL4* 基因的氨基酸序列比对

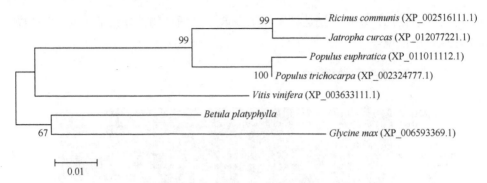

图 4-7 *BpAL4* 基因系统发育进化树

4.3.4 白桦 *BpAL4* 基因植物表达载体的构建

双酶切 pBI121 植物表达载体,利用 *Sac* I 和 *Bam*H I 酶切去除载体 *GUS* 基因,电泳结果显示(图 4-8),酶切后的质粒载体显示两条带,分子质量较大的条带为线性化的 pBI121 载体,而分子质量较小的条带则为切掉的 *GUS* 基因。结果表明,pBI121 植物表达载体质粒酶切成功,对其进行切胶回收后,进行连接反应。

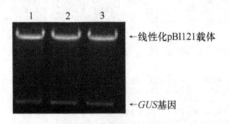

图 4-8 pBI121 质粒双酶切电泳检测

利用 In-Fusion 连接试剂盒,进行线性化 pBI121 植物表达载体与 PCR 扩增的 *BpAL4* 基因的连接反应,转 DH5α 感受态细胞后,进行阳性克隆的筛选。挑取单菌落进行菌液 PCR,结果显示(图 4-9),目的条带已经成功连接 pBI121 植物

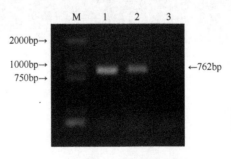

图 4-9 共转化研究中效应载体构建

表达载体，取代了原有的 *GUS* 基因。根据重组质粒图谱，*BpAL4* 基因前端具有 35S 启动子，可启动其表达。将新构建的载体命名为效应载体。

4.3.5　三次重复元件 pCXGUS 植物表达载体构建

pCXGUS-P 载体具有两个 *Xcm* Ⅰ 酶切位点，分别位于 *ccdB* 基因两端，利用 *Xcm* Ⅰ 单酶切 pCXGUS 质粒，电泳结果显示（图 4-10），分子质量较大的条带为线性化的 pCXGUS 质粒载体，分子质量较小的条带为切除掉的 *ccdB* 致死基因，回收线性化的 pCXGUS 载体，进行后续连接反应。

1
2
3
线性化的pCXGUS载体→
ccdB致死基因→

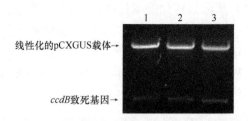

图 4-10　pCXGUS-P 载体 *Xcm* Ⅰ 单酶切电泳检测

将线性化的 pCXGUS 载体及退火形成的三次重复元件双链 DNA 片段连接后，转化 DH5α 感受态细胞，挑取单菌落摇菌后，送往哈尔滨博仕生物技术有限公司进行测序。对测序结果与载体序列及插入片段进行比对（图 4-11），选取正向插入

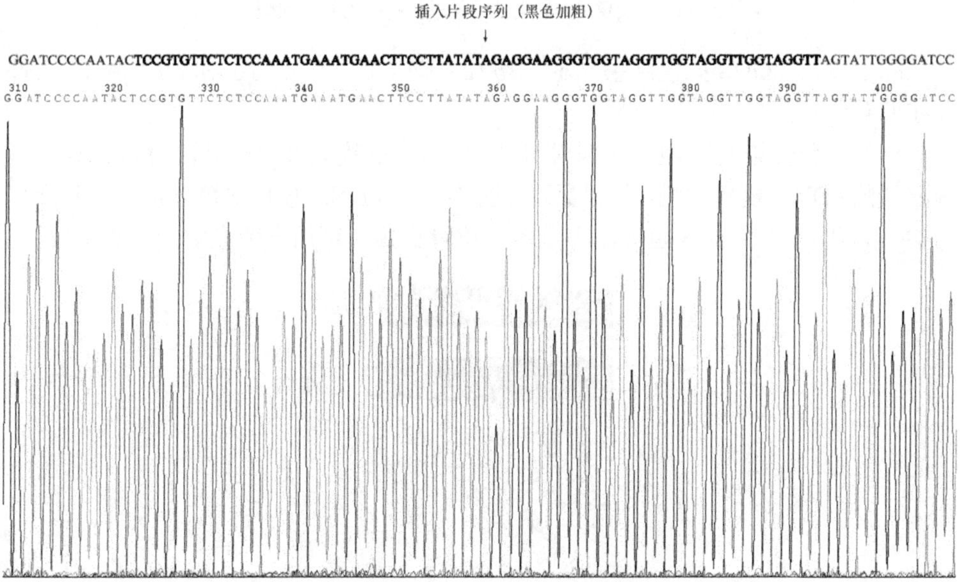

插入片段序列（黑色加粗）
GGATCCCCAATAC**TCCGTGTTCTCTCCAAATGAAATGAACTTCCTTATATAGAGGAAGGGTGGTAGGTTGGTAGGTTGGTAGGTT**AGTATTGGGGATCC
310 320 330 340 350 360 370 380 390 400
GGATCCCCAATACTCCGTGTTCTCTCCAAATGAAATGAACTTCCTTATATAGAGGAAGGGTGGTAGGTTGGTAGGTTGGTAGGTTAGTATTGGGGATCC

图 4-11　报告载体插入片段测序验证（彩图请扫封底二维码）

片段，作为阳性克隆。三次重复元件及最小启动片段正向插入 *GUS* 基因前端，可启动 *GUS* 基因表达，将其命名为报告基因。

4.3.6 BpAL4 蛋白及 MYBPLANT 元件共转化分析

共转化烟草 GUS 染色结果表明（图 4-12），利用含有 pBI121 植物表达载体空载体的农杆菌侵染烟草叶片时，烟草 GUS 染色结果变蓝（图 4-12A）。利用含有 MYBPLANT 三次重复元件及突变序列的农杆菌侵染植株后，由于含有 35S 启动子最小的 46bp 启动片段，因此 GUS 染色结果有少量蓝色（图 4-12B，C）。然而，将突变元件及 *BpAL4* 基因共转化烟草植株时，GUS 染色结果未显示蓝色（图 4-12D），这可能是由于共转化存在竞争效应，只有少量的突变元件转化进入烟草，因而肉眼观察不到 GUS 染色的结果，这个染色结果与 Zheng 等（2013）的研究结果是一致的。而用 MYBPLANT 元件及 *BpAL4* 基因共转化烟草植株时，GUS 染色结果显示（图 4-12E）蓝色较深。

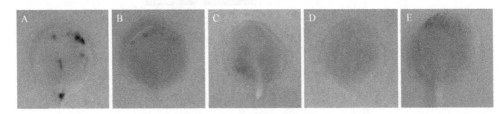

图 4-12　烟草 GUS 染色（彩图请扫封底二维码）

综上所述，GUS 染色结果显示，*BpAL4* 基因可能与启动子 MYBPLANT 元件存在着互作。

对农杆菌侵染的 5 组转基因材料进行 RNA 的提取及反转录，检测 5 组转基因材料的 cDNA 模板质量，结果显示（图 4-13），cDNA 模板均可以扩增得到烟草内参基因及 *GUS* 报告基因，证明 cDNA 质量良好，可用于荧光定量检测模板。

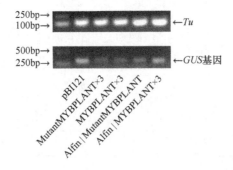

图 4-13　烟草 *GUS* 基因表达水平荧光定量 PCR 检测内参及目的基因引物

对 5 组材料进行荧光定量检测，分析 *GUS* 报告基因的表达量，结果显示（图 4-14），阳性对照 pBI121 空质粒侵染后的农杆菌 *GUS* 基因表达量最高，与其他侵染类型具有显著差异。而 *BpAL4* 与 MYBPLANT 三次重复元件共同侵染的烟草植株中，*GUS* 基因的表达量明显高于剩余三组，结果表明 *BpAL4* 与启动子 MYB 元件存在互作关系。而 *BpAL4* 蛋白与突变的三次重复元件共同侵染的烟草植株 *GUS* 基因表达量最低，这可能是由共侵染存在竞争抑制导致的。

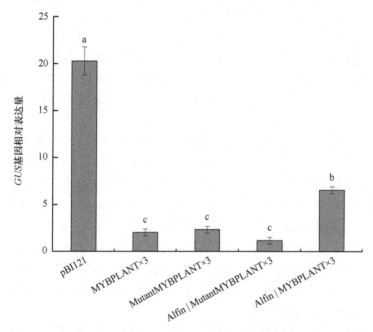

图 4-14　共转化烟草叶片 *GUS* 基因表达水平

图中 a，b，c 表示 5 组材料间 *GUS* 基因表达量差异显著（$P < 0.05$）

4.4　讨　论

现已发现，同一 DNA 序列可被许多不同的转录因子所识别，能直接结合 DNA 序列的蛋白因子是少数的，但不同的蛋白因子间可以相互作用，因为多数转录因子是通过蛋白质-蛋白质作用与 DNA 序列联系并影响转录效率的。转录因子之间或转录因子与 DNA 的结合都会引起构象的变化，从而影响转录的效率（李洁，2004）。酵母与一些高等真核生物相比，缺乏一些高等生物所特有的修饰过程，在酵母中发生的 DNA-蛋白质相互作用能否在植物细胞核内发生，还需要进一步证实（Perez-Romero and Imperiale，2007）。同时，通过该系统筛选得到的蛋白质是否对含有顺式作用元件的基因表达产生影响，还需要进行相应的功能鉴定。因此，研究采取了共转化烟草的研究方法，对蛋白质与 DNA 启动子元件的互作进行了进一步的验证。

苯丙氨酸解氨酶（PAL）、肉桂酸 4-羟基化酶（C4H）和 4-香豆酸辅酶 A 连接酶（4CL）是苯丙烷代谢途径中关键的三个酶（王艳文，2012）。而查尔酮合成酶（CHS）是将苯丙烷化合物引向黄酮代谢的第一个限速酶（王艳文，2012）。苯丙氨酸解氨酶（PAL）催化苯丙烷形成肉桂酸，这是植物苯丙烷骨架产物合成的第一步，说明苯丙烷在植物的发育和逆境保护中具有重要作用（Zheng et al.，2013）。而且，其下游调控的黄酮类化合物是燃料和 UV-保护剂，同时其在木质部细胞壁中是一个重要的结构高分子（王艳文，2012）。相似的是，这些酶基因启动子序列均含有 MYBPLANT 元件的保守序列，同时拟南芥中 *CHS* 基因启动子中的元件与白桦糖基转移酶启动子元件序列完全一致（Sablowski et al.，1994）。而对这类元件的研究表明，其对于光及逆境诱导较为敏感，通过苯丙烷途径调节植物生长发育。

近年来，通过对拟南芥、玉米、金鱼草和矮牵牛等植物中黄酮类分支途径的生化和遗传学研究，发现了一系列 MYB 转录因子作为调节蛋白参与植物苯丙烷类次生代谢合成途径的调控（穆红梅等，2015）。MYB 家族的基因在木质素生物合成中有诱导、催化、阻遏等多重作用，同时能对次生细胞壁的沉积进行调控（Gray et al.，2012）。研究筛选得到了 MYB 类转录因子的结合域，表明该元件与 MYB 类转录因子存在调节作用。MYB 类转录因子在苯丙烷代谢途径中扮演着重要角色，这暗示着白桦 *BpGT14* 基因可能对苯丙烷代谢途径中的糖基化起作用，但是筛选得到的 MYB 类转录因子的结合作用及生物学功能需要进一步的验证，这也将成为下一步研究的重点内容。

研究结果显示，PHD 结构域可与 AACCTACC 元件结合，促进下游基因表达。有研究表明，Alfin-like 转录因子可以结合组蛋白，同时也可以结合 DNA 序列，行使转录因子功能，而其结合序列包含 AC-rich 序列（Bastola et al.，1998）。目前，对于 Alfin-like 转录因子的研究较少，其保守结构域的功能目前并不清楚，但多项研究暗示着该转录因子对于植物的逆境反应具有重要作用（Kayum et al.，2015）。转录因子通常分为两类，一类为通用型转录因子，另一类为序列特异性转录因子，序列特异性因子可以与转录中介因子结合，对转录进行激活或者抑制，KAP 便是一类重要的转录中介因子，其可以与转录因子结合，调控下游转录（Kim et al.，1996）。KAP-1 及 KAP-2 转录中介因子均含有 PHD 结构域，且可以与和 MYBPLANT 相似的 DNA 序列结合，而该序列中就包含 CCTACC 序列，但其作用并不清楚，这是否与筛选得到的含有 PHD 结构域的 BpAL4 转录因子存在联系，目前还并不清楚（杨冬等，2007）。

综上所述，启动子对植物受到的逆境胁迫及激素诱导均有响应，同时可能对苯丙烷代谢途径中的糖基化修饰具有重要作用（图 4-15）。并且启动子的启动活性及响应模式对基因的功能在一定程度上进行了诠释，MYB 类转录因子对于启动子的调节作用，将成为我们下一步的研究重点。

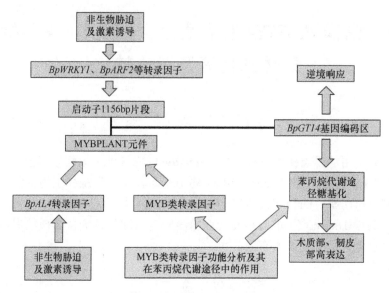

图 4-15 *BpGT14* 启动子调控网络

4.5 本 章 小 结

研究克隆得到了酵母单杂交筛选获得的 *BpAL4* 基因，对其进行生物信息学分析表明，该基因含有转录因子的基本结构域，包括 DNA 结合域及转录因子功能域。通过共转化研究，对转基因烟草叶片的 GUS 定量分析结果显示，该转录因子通过结合启动子元件，可以调节下游基因的表达，表明该转录因子可能与启动子元件 AACCTACC 结合，但具体结合部位有待进一步研究。

5 白桦 *BpGT14* 基因表达载体及 RNA 干扰载体的构建及遗传转化

5.1 实 验 材 料

本研究采用的是野生型白桦（*Betula platyphylla* Suk.）无菌培养植株。植物表达载体 pBI121 及干扰载体 pRNAi-GG 均由东北林业大学森林生物工程实验室保存。限制性内切酶、DNA 聚合酶及 T4 DNA 连接酶均购自 TaKaRa 公司。反转录酶试剂盒购自 Thermo 公司。DNA 琼脂糖凝胶电泳回收试剂盒及质粒提取试剂盒均购自北京全式金生物技术有限公司。

5.2 实 验 方 法

5.2.1 白桦总 RNA 的提取与 cDNA 的合成

取实验室无菌培养的野生型白桦植株，利用改良的 CTAB 法提取总 RNA。按照 Thermo 公司反转录酶合成 cDNA 第一链。

5.2.2 白桦 *BpGT14* 基因 pMD18-T 载体的构建

通过 Primer Premier 5 软件设计特异性引物 BpGT14-F 及 BpGT14-R（表 5-1），PCR 扩增白桦 *BpGT14* 基因，PCR 程序设定为：94℃预变性 3min；94℃变性 45s，

表 5-1 对应引物序列

引物名称	引物序列（5′→3′）
BpGT14-F	CGGGATCCCG ATGAGGAAAAATATTAATTCCCATT
BpGT14-R	GGGGTACCCC TCACGAACACTGCGTTTTCC
P171F	ATGGATCCATGAGGAAAAATATTAATTCCC
P171R	ATGGATCCTCACGAACACTGCGT
RNAi-GT14-sense	ACCA GGTCTC AGGAG TCCCATTCAGGAAGAGTGTTTA
RNAi-GT14-antis	ACCA GGTCTC ATCGT TGGGATGATAAACTGCCTGTAA
P22	GTAAAACGACGGCCAGTG
P23	CGGATCTCAAGCAATCAAGC

58℃退火 45s，72℃延伸 2min，共进行 30 个循环；最后 72℃延伸 7min。PCR 产物经 1.0%琼脂糖凝胶电泳检测，并进行回收，与 pMD18-T 载体进行连接，连接产物转化 DH5α 感受态细胞，进行蓝白斑筛选。挑取白色菌落，进行 PCR 鉴定，选择阳性克隆送往北京华大基因进行测序。将重组质粒载体命名为 pMD18-GT。

5.2.3　白桦 *BpGT14* 基因干扰载体的构建

选取目的基因 *BpGT14* 上游一段长度为 322bp 的片段构建干扰载体，根据选取的目的基因设计引物，加入保护碱基、接头及酶切位点，引物命名为 RNAi-GT14-sense 及 RNAi-GT14-antis（表 5-1）。PCR 扩增产物纯化后与载体进行酶切-连接反应，反应体系为：pRNAi-GG 质粒 5μl，目的片段 3μl，T4 连接酶缓冲液 1μl，T4 DNA 连接酶 0.5μl，*Bsa* I（NEB，10U/μl）0.5μl。反应条件为温育 37℃，2h；之后失活反应 80℃，5min。用连接产物转化 DH5α 感受态细胞，培养于含有卡那霉素和氯霉素的培养基上过夜。挑取阳性克隆，进行菌液 PCR 验证。验证时分别以 P22、P23（表 5-1）和 RNAi-GT14-antis 两对引物同时进行 PCR 验证，其中，P23 是以启动子一端序列设计的引物，P22 是以终止子一端序列设计的引物（图 5-1）。选取阳性克隆送往华大基因进行测序。

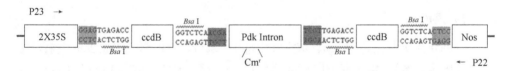

图 5-1　干扰载体验证引物位置（Yan et al.，2012）

5.2.4　三亲杂交法转化根癌农杆菌

（1）菌种活化：将–80℃保存的根癌农杆菌 LBA4404 菌种在含有终浓度为 50mg/L 利福平（Rif）的 YEB 固体培养基上划线活化，28℃培养 2～3d 长出单菌落，挑取单菌落，放入含有终浓度为 50mg/L Rif 的 YEB 液体培养基中，28℃振荡培养。协助菌（helper）在不含任何抗生素的 LB 固体培养基上划线活化，37℃培养直至长出单菌落，挑取单菌落放入无抗生素的 LB 培养基（液体）中，37℃ 180r/min 培养。取有中间载体 pBI121-*BpGT14*、pRNAi-GG-*BpGT14* 的大肠杆菌（供体菌）在含有终浓度 100mg/L 卡那霉素（Kan）的 LB 固体培养基上划线活化，37℃培养过夜后挑取单菌落接种在含有终浓度为 50mg/L Kan 的 LB 液体培养基中，37℃振荡培养。

（2）当三种菌生长到 OD_{260}=0.5 左右时，取等量的菌液混匀。将无菌滤膜平铺在不含抗生素的 YEB 固体培养基上，取适量混合菌液滴到滤膜上，28℃培养。

（3）用镊子将长出菌落的滤膜转接到含有终浓度为 50mg/L Rif 和 100mg/L Kan 的 YEB 液体培养基上，28℃振荡培养过夜。

（4）用接菌环蘸取菌液在含有终浓度为 50mg/L Rif 和 100mg/L Kan 的 YEB 固体培养基上划线，28℃培养 2～3d，直至长出菌落。

（5）挑取单菌落至含有终浓度为 50mg/L Rif 和 100mg/L Kan 的 YEB 液体培养基中扩大培养。此时能够扩繁生长的根癌农杆菌即为 T-DNA 重组转化完成后含有目的基因的菌种，经进一步 PCR 验证后即可用于遗传转化。

5.2.5 根癌农杆菌介导的白桦遗传转化

1）工程菌的制备

用灭菌的枪头在平板上挑取单菌落，接种到含有抗生素（50mg/L Rif，100mg/L Kan）的 YEB 液体培养基中，28℃，180～220r/min 振荡培养，当农杆菌处于对数生长期时（振荡培养约 10h），取 1ml 菌液加入不含任何抗生素的 YEB 液体培养基中，28℃ 180～220r/min 振荡培养，利用紫外/可见光分光光度计检测菌液 $OD_{600}=0.5～0.8$，4000r/min 离心 5min 收集菌液，倒掉上清液，再加灭菌蒸馏水，混匀，即得工程菌液，转化时工程菌液的最佳浓度为 $OD_{600}=0.5$。

2）预培养

白桦叶片切去叶尖、叶柄，留有叶中部 1/3 部位，白桦茎段切成 2cm 左右，接种于预培养培养基，组培室中［培养温度为 25～27℃，光照强度为 150μmol/（$m^2 \cdot s$），光照 16h/d］培养 2d。

3）侵染

在超净工作台中操作，将工程菌液调至最佳侵染浓度后倒入灭过菌的组培瓶中，将植物外植体浸入到工程菌液中，侵染 5min。

4）共培养

用无菌滤纸吸干叶片表面多余的菌液后接种到共培养培养基上，28℃黑暗共培养 2～5d，以外植体周围长出工程菌时间为宜。

5）脱菌

将外植体夹入含有 700mg/L 头孢霉素的无菌水中，轻摇组培瓶，使外植体与附着物（大部分为工程菌）分离，用无菌滤纸吸干外植体表面液体，接种到含有终浓度为 50 mg/L Kan+500mg/L 头孢霉素的选择分化培养基上。

重复这一步骤，脱菌前 5d 需要每天更换选择培养基，约 1 周后可减小脱菌频率，直至外植体表面菌脱净为止。

6）选择培养

将脱菌完成的外植体转移至选择分化培养基（抗生素为 50mg/L Kan+500mg/L 头孢霉素），2 周左右，白桦外植体可长出抗性愈伤组织，待其长至 1cm 左右时转移至诱导出芽培养基（抗生素为 50mg/L Kan+500mg/L 头孢霉素）。

7）抗性芽生根

待白桦愈伤组织表面抗性芽长至 2cm 时切下并转入生根培养基（抗生素为 50mg/L Kan）。转基因白桦再生芽生根后即可用于继代扩繁培养。转基因培养基配方见表 5-2。

表 5-2　转基因培养基配方

种类	培养基和激素
预培养培养基	IS 培养基
选择分化培养基	IS 培养基+6-BA 0.8mg/ml+NAA 0.6mg/ml
出芽培养基	IS 培养基+6-BA 1.0mg/ml
生根培养基	WPM 培养基+IBA 0.5mg/ml

5.2.6　转基因植株的分子鉴定

5.2.6.1　转基因植株的 PCR 鉴定

以提取的转基因植株 DNA 为模板，为消除白桦基因组序列的影响，选择 pRNAi-GG 载体引物中的 P23 作为上游引物，RNAi-GT14-antis 作为下游引物，检测转基因白桦外源基因的整合情况。反应体系和程序分别按表 2-4 和表 2-5 进行操作。取 2μl 的 PCR 产物，利用 1.0%琼脂糖凝胶进行检测。

5.2.6.2　转基因植株的荧光定量 PCR 鉴定

提取转基因植株 RNA，反转录成 cDNA 作为模板，白桦内参选取白桦微管蛋白基因（*tubulin*，*Tu*）（表 5-3）。

表 5-3　内参引物

引物名称	引物序列（5'→3'）
Tu-F	CCCTCCCACATGCTATTCT
Tu-R	AGAGCCTCCAATCCAGACA

5.2.7 转基因白桦组培苗的移栽

黑土与蛭石 3∶1 混匀后转入组培瓶，加入自来水将土浇透，121℃高压蒸汽灭菌 30min 后备用。继代后 3 周左右，将白桦组培苗从琼脂培养基中小心拔出，用灭菌蒸馏水洗掉根表面残留的琼脂，放入灭菌土壤中，固定好白桦苗之后盖好组培瓶瓶盖，放入组培室培养，整个过程需在超净台内完成，实验中不能对白桦苗根造成损伤。1 周左右时间可以打开组培瓶盖子透气炼苗，开盖时间可以慢慢延长，直至不用盖子，等白桦苗新叶长出且生长良好时，可移出组培室并换花盆培养。

5.2.8 石蜡切片

为检测转基因白桦与野生型茎细胞结构之间的差异，选择组培苗根上部 2cm 材料制作永久石蜡切片，步骤如下。

1）固定

将选择的茎段材料切成 1cm 大小，浸入 FAA 固定液（FAA：50%乙醇 90ml，福尔马林 5ml，冰醋酸 5ml），用带有针头的注射器抽气，使得固定液中的白桦材料组织内的气体排出，材料表面不再有大气泡冒出时停止抽气，放在室温 3d。

2）染色

用蒸馏水冲洗掉材料表面 FAA 残余后放入苏木精中，37℃温箱中染色 3d。

3）蓝化

蒸馏水冲洗材料苏木精，之后放在自来水下流水蓝化 3d 左右。

4）脱水

30%乙醇→50%乙醇→70%乙醇→85%乙醇→95%乙醇→100%乙醇→100%乙醇。除 100%乙醇外每级 2h。100%乙醇 1h。其中 70%乙醇可长期保存材料。

5）透明

为使二甲苯替换彻底,将脱水后的材料放入二甲苯和无水乙醇 2∶1 的混合液中 2h，再放入二甲苯和无水乙醇 1∶1 的混合液中 2h，之后更换两次纯二甲苯，每次 1h。

6）浸蜡

透明后的材料放到含有一半固体粉末状石蜡和一半二甲苯的小坩埚中，40℃

烘箱敞口放置，期间可加入少许石蜡粉末加快混合物的凝固，约 4d 时间，二甲苯会挥发殆尽，注意以坩埚底部无二甲苯为标准。浸蜡时间过短或有二甲苯残留会使材料浸蜡不完全，切片室材料易碎、不完整。

7）包埋

将恒温箱的温度升至 60℃，每 1h 更换一次石蜡，总计三次，用硬纸叠成 4cm×4cm×2cm 左右纸盒，用铅笔做好标记，将坩埚去除后迅速倒入纸盒中，用镊子调整材料位置，将纸盒放到冷水盆中，待石蜡全部凝固后可取出晾干。

8）切片

用刀片修整石蜡小块，使每个材料外包裹的石蜡小块尽量四周表面平齐，同时材料整齐放于石蜡中心，将石蜡块粘在小木块上，用轮转式切片机连续切片，切片厚度 6μm。

9）粘片、展片

在干净的载玻片上滴一小滴粘贴剂和一滴蒸馏水，用手抹匀，将切好的材料轻轻放于液面上，将放有蜡片的载玻片放在 40℃温箱中过夜展片，之后再放置 2d，使材料与载玻片充分粘合。

10）脱蜡封片

将载有蜡片的载玻片放在二甲苯中浸泡 20min，更换二甲苯 2 或 3 次，至材料周边石蜡溶解殆尽为止，注意时间过长会使材料从载玻片上脱落。将二甲苯与树胶 1∶1 混合液滴 1 滴在载玻片上，盖上干净的盖玻片，注意要先让盖玻片一边与液体接触，之后慢慢盖下，以免出现气泡影响观察。自然风干，利用光学显微镜观察拍照。

5.2.9 转基因白桦木质素、纤维素、半纤维素和果胶的测定

5.2.9.1 木质素的测定

1）间苯三酚染色

取白桦组培苗，截取顶端下第 3 节及第 4 节茎段进行徒手切片，滴加一滴 1mol/L 盐酸溶液，浸泡材料 3min，然后滴加一滴 10%间苯三酚乙醇溶液，迅速在光学显微镜下拍照观察。

2）试剂配制

（1）25%溴乙酰冰醋酸溶液：在通风橱内操作，首先在烧杯中加入 25g 溴乙

酰溶液。之后加入 75g 冰醋酸，充分混匀溶液后，倒入棕色瓶中避光保存。

（2）2mol/L NaOH 溶液：准确称取 8g 氢氧化钠固体，用蒸馏水溶解并用 100ml 容量瓶定容。

（3）0.5mol/L 盐酸羟胺溶液：用分析天平准确称取 8.0862g 盐酸羟胺，用蒸馏水溶解并用 250ml 容量瓶定容。

3）木质素测定

（1）取移栽后的转基因白桦样品，65℃烘箱烘干至恒重，研钵研磨，过 80 目筛。

（2）取 0.05g 样品粉末置于 10ml 离心管中，加入 1ml 溴乙酰冰醋酸溶液（25%），70℃水浴 30min。

（3）冷却后加入 0.4ml 2mol/L NaOH 终止反应。

（4）依次加入 1ml 冰醋酸和 0.04ml 7.5mol/L 盐酸羟胺，6000r/min 离心 10min。

（5）取上清液，加入蒸馏水稀释 50 倍，测量 280nm 处吸光度 A_{280}，以表示木质素的含量。

（6）实验重复三次。

4）木质素含量计算

木质素含量（%）=吸收值×100/（吸收系数×样品浓度）

式中，吸收系数=20.2L/(g·cm)

5.2.9.2　纤维素测定

采用浓硫酸水解法测定纤维素含量。

（1）取移栽后的转基因白桦烘干，研钵研磨，过 80 目筛。

（2）称取 0.05g 粉末置于 50ml 离心管中，加 5ml 乙酸和硝酸混合液，拧紧盖子沸水浴 25 min。

（3）冷却后 4000r/min 离心 20min，弃上清液，沉淀用蒸馏水冲洗 3 次。加入 10%（m/V）的硫酸 10ml，0.1mol/L 的重铬酸钾（$K_2Cr_2O_7$）溶液 10ml，混匀，煮沸并持续 10min。

（4）将上述混合溶液倒入三角瓶中，用蒸馏水冲洗离心管。

（5）冷却后加入 1ml 质量分数为 0.5%的淀粉溶液和 5ml 质量分数为 20%的 KI 溶液，用 0.2mol/L 硫代硫酸钠滴定加入有 10ml 10%（m/V）硫酸的 0.1mol/L 的重铬酸钾（$K_2Cr_2O_7$）溶液作空白对照。

（6）纤维素含量按下式计算：纤维素含量=100%×硫代硫酸钠浓度×（空白滴

定所耗硫代硫酸钠体积–溶液滴定所耗硫代硫酸钠体积）/（质量×24），式中 24 为 1mol $C_6H_{10}O_5$ 等同于硫代硫酸钠的当量数。

5.2.9.3 半纤维素的测定

采用盐酸水解与 3,5-二硝基水杨酸（DNS）相结合的方法。

1）试剂制备

DNS 试剂的制备：将 182g 酒石酸钾钠用热水溶解，之后依次加入 6.3g DNS、262ml 2mol/L 氢氧化钠、5g 重苯酚和 5g 亚硫酸钠。搅拌溶解，冷却后用 1000ml 容量瓶定容，倒入棕色瓶中保存。

2）绘制标准曲线

分别取葡萄糖标准液（1mg/mL）0ml、0.2ml、0.4ml、0.6ml、0.8ml、1.0ml 于 15ml 试管中，用蒸馏水补足至 1ml，加入 2ml DNS 试剂，沸水浴 2min，冷却后用水补足至 15ml。在 540nm 波长下测定吸光度。绘制标准曲线。

3）半纤维素测定

（1）取移栽后的转基因烟草样品烘干，研磨，过 40 目筛。

（2）取 0.1～0.2g 样品粉末倒入 15ml 离心管中，加入 10ml 质量分数为 80% 的硝酸钙溶液，小火煮沸 5min，冷却后 10 000g 离心 10min。

（3）弃上清，将沉淀用热水冲洗 3 次，然后向沉淀中加入浓度为 2mol/L 的盐酸 10ml，拧紧盖子，混匀，沸水浴 45min，期间不断搅拌。

（4）冷却后 10 000g 离心 10min，将上清液移入三角瓶中，沉淀用蒸馏水冲洗三次，冲洗液也倒入三角瓶中。

（5）向三角瓶中加 1 滴酚酞，用 NaOH 中和至显玫瑰色，用 100ml 容量瓶定容，随后将其过滤至新的三角瓶中，最初的几滴滤液弃掉。

（6）用 DNS 法测定溶液中的还原糖，取 2ml 滤液加入离心管中，再加入 1.5ml DNS 试剂，盖上盖子沸水浴 5min，冷却后在 540nm 波长下测定吸光度（测量时样品液可适当稀释，使糖浓度为 0.1～1.0mg/ml）。查看葡萄糖标准曲线并计算 Y 值，再乘以 0.9（常规系数）即可知半纤维素百分含量。

5.2.9.4 果胶的测定

（1）果胶的提取：用酸水解法从样品粉末中提取果胶，称取 0.1000g 粉末放入 50ml 离心管中，按 1∶15 加入 pH 1.5 的蒸馏水，85℃水浴锅中浸提 3h，期间不断摇晃；4000r/min 离心 10min，收集上清，沉淀用 pH1.5 的蒸馏水 5ml 洗涤 2 次，合并滤液。

（2）乙醇沉淀果胶：将滤液倒入三角瓶中，加入 80ml 无水乙醇，搅拌混匀后 4℃静置 4h，之后用 50ml 离心管分多次 4000r/min 离心 10min，合并沉淀转入新离心管中，60℃干燥。

（3）咔唑比色：准确称取 0.0300g 果胶样品于 50ml 离心管中，加入 1.0mol/L 的硫酸溶液 6ml，70℃水浴 20min，冷却后定容至 50ml，取样品溶液 1ml，缓慢加入 6ml 浓硫酸，冷却后加 0.15%咔唑无水乙醇溶液 0.5ml，室温环境中黑暗放置 30min，分光光度计 530nm 处测吸光度即可。

（4）计算公式：果胶质测量的咔唑比色法是以半乳糖醛酸的含量反映果胶的含量。果胶含量=$(C \times 50 \times 50 \times 10^{-6})/10 \times W$。式中，$C$ 为标准曲线中所测果胶溶液中的半乳糖醛酸的浓度，W 为果胶粉末质量，单位为 g。

5.3　结果与分析

5.3.1　白桦 *BpGT14* 基因 pMD18-T 载体的构建

利用琼脂糖凝胶电泳检测野生型白桦无菌培养植株总 RNA，28S 和 18S 条带清晰可见（图 5-2）。

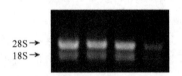

图 5-2　白桦总 RNA 提取检测

以反转录获得的 cDNA 为模板，PCR 扩增目的基因 *BpGT14*，产物条带经电泳检测为 1000～2000bp（图 5-3），与预期效果一致。初步认定扩增产物即为 *BpGT14* 目的基因。

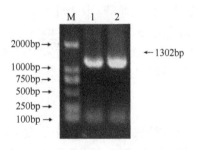

图 5-3　PCR 扩增结果

M 为 DL2000 Marker；泳道 1、2 为 *BpGT14* 基因 PCR 扩增产物

将菌液 PCR 验证的阳性克隆送往华大基因进行测序，测序结果表明载体构建成功，插入片段编码区长度为 1302bp。

5.3.2 白桦 *BpGT14* 基因干扰载体的构建

选取 *BpGT14* 基因上游一段长度为 322bp 的片段进行 PCR 扩增及回收纯化，电泳条带约为 300bp（图 5-4）。

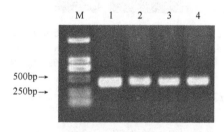

图 5-4　目的基因 *BpGT14* 上游片段 PCR 产物纯化回收检测

M 为 DL2000 Marker；泳道 1、2、3、4 为 PCR 回收产物

利用 P22、P23 及反向引物验证 RNAi 载体构建结果，理论条带差异约为 200bp，电泳结果与设计引物时预期效果相吻合（图 5-5），初步认定 RNAi 载体构建成功。将样品送往华大基因测序，测序结果与载体上启动子、内含子和终止子序列进行分段比对，一致性较高，且插入片段为 322bp，无突变。综上所述，干扰载体构建成功。

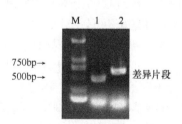

图 5-5　PCR 鉴定结果

M 为 DL2000 Marker；泳道 1 是 P23 和反向引物扩增的 PCR 条带；
泳道 2 是 P22 和反向引物扩增的 PCR 条带；产物条带差异约为 200bp

5.3.3 三亲杂交

利用三亲杂交法将目的片段转移整合到农杆菌 LBA4404 Ti 质粒，挑取双抗生素（50mg/L Rif+100mg/L Kan）筛选的农杆菌单菌落，以其菌液作为模板进行 PCR 验证，结果（图 5-6）显示，目的条带单一且符合预期大小，经菌液测序再次验证三亲转化成功，可用于遗传转化实验。

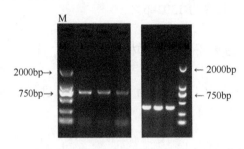

图 5-6　农杆菌 pBI121-*BpGT14*、pRNAi-GG-*BpGT14* 片段 PCR 扩增

M 为 DL2000 Marker；左侧为农杆菌 pBI121-*BpGT14* PCR 扩增产物电泳图；
右侧为农杆菌 pRNAi-GG-*BpGT14* PCR 扩增产物电泳图

5.3.4　转基因植株的获得

　　农杆菌介导的白桦遗传转化过程如图 5-7 所示，应用白桦愈伤再生途径，用外源 pRNAi-GG-*BpGT14* 片段成功转化白桦细胞并获得组培白桦苗。外植体来自实验室继代组培苗，预培养 2d 后，将植物外植体与工程菌混合 5min 左右，以保证菌液均匀附着在外植体表面，作为工程菌的菌液也要保证旺盛的分裂增殖能力，一般用生长至对数期的菌液作为工程菌进行遗传转化；共培养阶段，将外植体放于 28℃暗培养 2d 后，工程菌在外植体周边生长至肉眼可以辨别时即要开始脱菌操作，暗培养时间过长，会导致外植体的褐化死亡或因工程菌过多导致脱菌困难；脱菌用含有头孢霉素的无菌水冲洗外植体，使两者分离，既能起到抑菌作用，又能保证外植体（特别是叶片）的完好（可以摇动组培瓶达到冲洗效果）；选择分化培养基中加入抗生素卡那霉素，转化成功的白桦细胞基因组内由于整合 T-DNA 带有的抗性筛选标记 NPTⅡ，从而可以在培养基上增殖生长，待抗性愈伤组织直径长至 2cm 左右，将其转入诱导出芽培养基，2～3 周时间，愈伤组织表面会长出不定芽，再经过 2 周左右，不定芽抽茎高度约 2cm 时，将不定芽切下插入生根培养基。

　　农杆菌介导的白桦遗传转化过程（图 5-7）中，未转化成功的外植体由于无标记基因而不能生长增殖，最后死亡。白桦转基因中，共用外植体 200 个，获得转基因无性系 11 个，转化率为 5.5%。

5.3.5　转基因植株的分子鉴定

　　利用改良 CTAB 法提取转基因烟草及白桦基因组总 DNA 和 RNA，以基因组 DNA 为模板进行 PCR 检测目的基因的整合情况，以 Real-Time PCR 检测目的基因的表达情况。

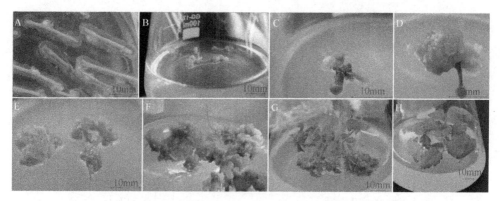

图 5-7 农杆菌介导的白桦遗传转化过程（彩图请扫封底二维码）
A. 共培养；B～D. 抗性愈伤组织筛选；E, F. 愈伤出芽；G. 抽茎；H. 生根

为避免白桦内源 *BpGT14* 基因的干扰，实验选择 pRNAi-GG 载体引物中的 P23 作为上游引物，RNAi-*BpGT14*-antis 作为下游引物，检测转基因白桦外源基因的整合情况。由于 L1、L8 两转基因白桦组培苗生长缓慢且不生根，推测为假阳性，选择其他无性系 DNA 为模板，PCR 结果如图 5-8 所示，在 9 个无性系中，L2、L3、L6、L7、L9、L11 中目的条带单一且符合预期大小，初步确定外源基因整合入白桦基因组。

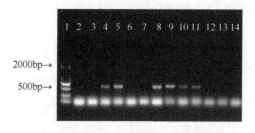

图 5-8 *BpGT14*-RNAi 白桦 PCR 扩增
1 为 DL2000 Marker；2、3 为野生型；4～12 为转基因无性系，其中，4、5、8、9、10、11
分别为 L2、L3、L6、L7、L9 和 L11；13、14 为阴性对照

提取转基因白桦总 RNA，经浓度测定后反转录 0.5μl 获得 cDNA，稀释 10 倍后作为荧光定量 PCR 模板进行 Real-Time PCR，采用 ΔΔC_T 算法，由图 5-9 可以看出，所有转基因无性系中目的基因 *BpGT14* 表达量均低于野生型，其中，L3、L6、L7、L11 中 *BpGT14* 表达量分别为对照（野生型）的 23.32%、38.56%、15.94% 和 46.75%。

5.3.6 RNAi 白桦茎段结构分析

为了检测 *BpGT14* 表达量降低后对白桦茎段各部分组成的影响，实验选取白桦组培苗不定根上部 2cm 茎段为材料，采用整染染料苏木精制作永久石蜡切片。由图 5-10 可以看出，切片效果理想，无材料破损、染色不均等情况，在含有次生细胞壁组织，如次生木质部、次生韧皮部、射线细胞等处染色较深。

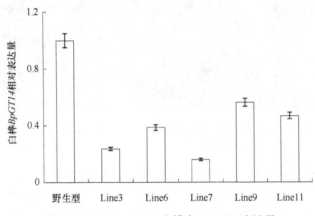

图 5-9 *BpGT14*-RNAi 白桦中 *BpGT14* 表达量

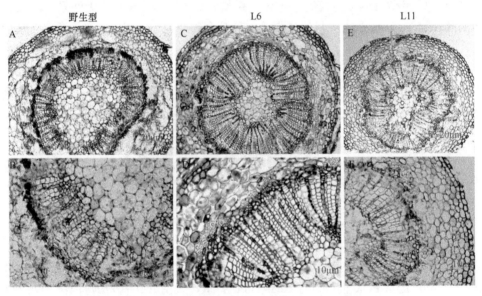

图 5-10 *BpGT14*-RNAi 白桦茎段横切面图（彩图请扫封底二维码）

利用 Imagepro Plus 软件测量石蜡切片中韧皮部、木质部及单个细胞面积，统计数据后计算各部位面积与横截面积之比，实验设置 5～7 个生物学重复。结果显示，*BpGT14* 表达量的降低对白桦茎段的结构影响显著，由图 5-11A 可以看出，转基因材料茎段中木质部面积比例及导管细胞面积显著增大，为野生型木质部面积的 1.23～1.47 倍；导管细胞面积增大达到极显著水平，为野生型导管面积的

1.82～2.16 倍；同时，韧皮部面积及韧皮纤维面积比例无明显变化。为了研究木质部面积增大的原因，分析了木质部细胞数目及单个细胞面积的变化，结果显示（图 5-11B，C），转基因材料中，木质部细胞数目变化不明显，但木质部单细胞平均面积增加极显著，为对照的 1.35～1.51 倍。

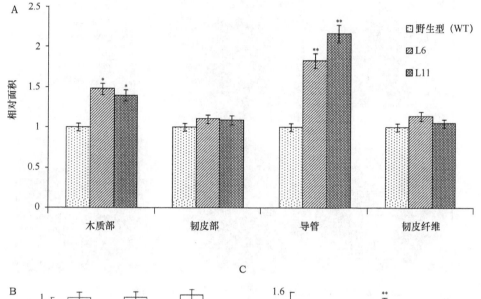

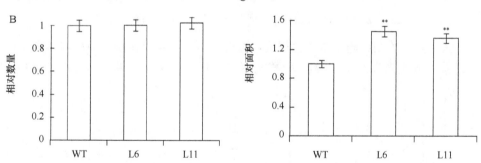

图 5-11　*BpGT14*-RNAi 白桦茎段横切面测量结果

A. 茎段横截面各部位组织面积；B. 木质部细胞相对数量；C. 木质部单细胞相对面积

*代表 $P<0.05$ 显著性差异；**代表 $P<0.01$ 显著性差异

5.3.7　*BpGT14*-RNAi 转基因白桦细胞壁成分分析

为了研究 *BpGT14*-RNAi 转基因白桦细胞壁成分的变化，实验选择继代后三周大组培白桦苗，取顶端下第 3 节及第 4 节茎段，徒手切片后进行木质化细胞壁的染色；取整株材料后烘干、研磨、混匀，利用比色法测定纤维素、半纤维素、木质素及果胶含量。

间苯三酚染色显示（图 5-12），顶端下第 3 节间，木质化细胞壁主要集中在木质部和韧皮部，转基因白桦细胞壁木质化程度降低，第 4 节间染色也可以看出，在木质化程度高的茎节，转基因白桦木质化程度同样减弱。

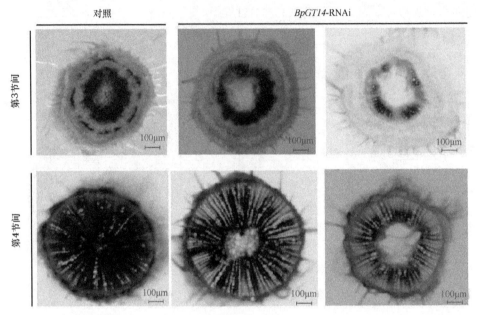

图 5-12　*BpGT14*-RNAi 白桦茎间苯三酚染色（彩图请扫封底二维码）

为了定量检测细胞壁木质化程度，取转基因白桦组培苗烘干后提取木质素，通过紫外分光光度法结合 72%硫酸法测定木质素含量，结果显示（图 5-13），

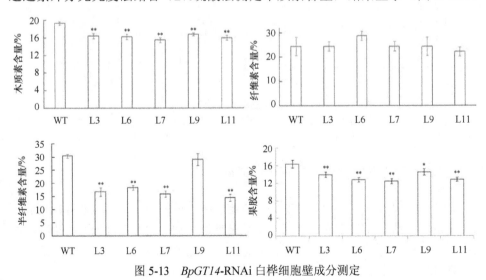

图 5-13　*BpGT14*-RNAi 白桦细胞壁成分测定

*代表 0.05 水平上的显著性差异；**代表 0.01 水平上的显著性差异

相比于野生型，转基因白桦木质素含量显著降低，为对照的 80.20%～86.99%。同样采用硫酸水解、盐酸水解结合 DNS 及咔唑染色，分别测定其余三种细胞壁主要成分纤维素、半纤维素和果胶，可以看出，转基因材料纤维素含量无明显变化，而半纤维素、果胶含量下降明显，果胶含量为对照的 76.22%～89.16%，半纤维素含量除 L9 无性系之外，为对照的 52.33%～55.91%。

5.4 讨　论

近年来，有关植物细胞壁各组分的生物合成、细胞壁的构建模式、细胞壁与植物的生长发育等问题，特别是植物细胞壁的形成及其调控机制的研究成为人们关注的焦点（Doblin et al.，2010）。糖基转移酶基因 *GT14* 是多糖合成中的关键基因，拟南芥和水稻突变体的相关研究已经表明，少数糖基转移酶家族基因在植物细胞壁合成和对逆境的响应中发挥重要的生物学功能（Lee et al.，2010；Zhong et al.，2005；Vanzin et al.，2002；Zhou et al.，2009）。然而，由于表型明显的相关突变体有限，因此大部分糖基转移酶在细胞壁的生物合成和组装中的功能仍不清楚。

在双链 RNA 被发现之后（Fire et al.，1998），RNAi 成为一种十分有效的研究基因功能的方法（Gunsalus and Piano，2005；Kusaba，2004；Perrimon et al.，2010）。通过 RNA 干扰机制，我们可以利用发卡 RNA 来诱导特定基因的降解，从而使基因沉默（Waterhouse and Helliwell，2003）。而在植物中，研究者发现在发卡 RNA 中插入一段序列作为目的片段的内含子表现出了更高的基因沉默效率（Wesley et al.，2001）。目前，RNA 干扰技术被越来越广泛地应用于各种生物中。

酶切-连接方法是构建植物转基因载体的最普遍方法，被广泛应用于各种转基因植物表达载体的构建（柴晓杰等，2006；邢珍娟等，2008；王镭等，2008；吕品等，2007）。本研究采用了 Yan 等（2012）报道的 RNAi 载体构建方法，利用 pRNAi-GG（JQ085427）载体构建干扰载体（图 5-14）。这种干扰载体构建方法只需一步酶切-连接反应，快捷简便，且成功率较高。pRNAi-GG 载体在 CaMV 35S 启动子和 Nos 终止子之间，具有两个 *ccdB* 致死基因和 Pdk 内含子（含氯霉素抗性基因）的盒式结构，因此具有双重选择的优点。为了构建 RNAi 载体，目的基因在扩增时需要加入 *Bsa* I 酶切位点及接头。在 *ccdB* 致死基因的两侧，均含有 *Bsa* I 酶切位点，在酶切-连接反应后，两个 *ccdB* 致死基因均会被目的基因所取代。只有内含子两端均连接目的片段的重组体才会在含有氯霉素抗性的培养基上生长。本实验采用的方法只需要一步 PCR，而后将酶切-连接反应在同一体系内同时进行，便可完成 RNAi 载体的构建。

本研究成功构建了 *BpGT14* 基因上游 322bp 片段的 RNAi 载体，同时利用传统的单酶切、去磷酸化、连接的方法构建了 *BpGT14* 基因的植物表达载体。本研究载体的成功构建为进一步的遗传转化和 *BpGT14* 基因在细胞壁发育及逆境中功能的研究奠定了基础。

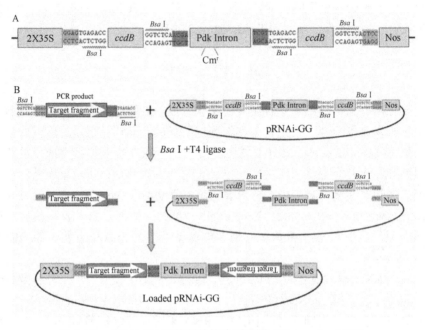

图 5-14   pRNAi-GG 干扰载体构建原理图（Yan et al.，2012）

A. pRNAi-GG 结构图，包括 35S CaMV 启动子，两个 *ccdB* 基因，含氯霉素抗性基因的 Pdk 内含子，4 个含有接头的 *Bsa* I 酶切位点；B. 一步法构建发卡 RNA，目的片段利用含有接头及 *Bsa* I 酶切位点引物扩增，纯化后与 pRNAi-GG 载体、*Bsa* I 酶、T4 DNA 连接酶混合于同一体系中进行一步酶切-连接反应

目前，载体构建的策略逐步完善，力求以简单高效的方法完成目的基因与载体的重组。尽管传统载体构建中利用的酶切、连接方法步骤冗长，效率偏低（马建等，2009），但其因为操作简便、成本低廉的特点依然被广泛使用。本研究成功构建了白桦 *BpGT14* 基因的植物表达载体及干扰载体，基本策略均是利用酶切-连接的方法。

植物表达载体的构建需要编码区序列定向插入载体中，因此多采用双酶切的方法实现。但由于双酶切实验中，判断是否酶切完全至少需要设立两组对照，对于两种酶的酶切温度及缓冲液均有要求，且步骤较为烦琐，因此降低了实验的效率。本研究采用了单酶切的方法，可有效避免双酶切反应中存在的问题。为了解决单酶切中载体自连的问题，我们在 pBI121 表达载体质粒酶切反应后，添加了一步去磷酸化反应，可以有效地解决载体自连的问题。对于阳性克隆的筛选，作者采用了初步筛选后测序复选的策略，以筛选正向插入的目的片段。部分研究者利用单酶切的方法进行阳性克隆的筛选（张莉和苏曼琳，2012），选取插入片段及载体上均含有的酶切位点，利用单酶切的方法，获得两段长度不同的片段，同样可以达到筛选特定方向插入片段载体的目的。

通过 RNA 干扰技术研究基因功能因为其高效、简便和特异性强的特点已被广泛使用。传统的酶切-连接方法仍然是构建 RNA 干扰载体最常见的方法，被广泛应用于各种生物之中，这种方法是通过 PCR 扩增含有酶切位点的目的片段，形成顺反结构，之后在顺反结构之间插入一段内含子以增强沉默效率（黄婷和徐刚标，2012；马腾等，2007）。原始的酶切-连接方法无一例外需要多轮酶切-连接反应，所以实验周期较长，步骤冗杂，耗费时间，因此降低了实验的成功率。目前使用较多的是基于 GATEWAY 克隆体系的 RNAi 载体构建方法。GATEWAY 技术是 Invitrogen 公司开发的一项基因克隆新技术，只需要 BP 和 LR 两个反应就可以完成 RNA 干扰表达载体的构建，并且不需要使用限制性内切酶和连接酶（Kong et al.，2006）。这种方法与传统的酶切-连接方法相比，具有简便、快捷、成功率高、对原始载体和目的片段的限制少等优势（Miki et al.，2005），克隆效率可达到 95%（Wesley et al.，2001）。但相比于众多 RNAi 载体构建的方法，GATEWAY 技术的价格相对比较昂贵，并且同样需要 BP 和 LR 两步反应。本研究采用的 RNAi 载体构建方法耗时短，操作简便，只需一步 PCR 反应及一步酶切-连接反应便可实现目的基因与质粒的重组，同时，*ccdB* 致死基因和氯霉素抗性基因的双重筛选，可以大大降低假阳性的概率，提高成功率。

农杆菌介导的遗传转化中，许多因素会对转化效率产生影响，本研究选取白桦组培苗茎段和烟草叶片为农杆菌转化的外植体材料，白桦茎段尽量选取幼嫩、再生能力强的部分，烟草叶片取自种子成苗的 4～5 叶期的新鲜叶片；农杆菌转化成功后，作为工程菌用的菌液也应保持较高活力，选用菌液培养的指数生长期，此时的 OD_{600} 值为 0.6～0.8，低速离心后收集菌体用无菌水重悬，防止培养液中的化学成分对外植体的再生产生不利影响；侵染过程操作及培养基成分、激素配比对转化效率影响最大，白桦组培再生系统的培养基也有很多，研究通过几次试验选择，最终确定利用 IS（Kassanis）培养基，相对于 WPM 培养基，IS 对白桦愈伤诱导速率更快且组织松散；激素配比最终确定了愈伤诱导、出芽及抽茎分别为 0.6mg/L NAA+0.8mg/L 6-BA、0.5mg/L KT+5mg/L 6-BA 和 1mg/L 6-BA；时间掌控方面，在预培养阶段，最好不要超过 2d，否则外植体切口处容易褐化死亡，影响转化效率，侵染菌液浸泡外植体时，为了菌能均匀附着在外植体表面且进入伤口，应在 5～10min 为宜，共培养阶段最为关键，时间不能一概而论，但不能超过 5d，否则菌可能使外植体腐败死亡，时间确定应依农杆菌生长速度而定，在农杆菌生长至肉眼可以辨别且没有覆盖外植体时即可停止共培养进入脱菌阶段；脱菌时，一定要保证无菌操作，前几次的培养基中除含有筛选抗生素之外，头孢霉素可以尽量高，一般为 500～700mg/L，因为头孢霉素对外植体的再生也有一定的影响，所以在确定菌液脱净时，可适当降低头孢霉素的浓度，本研究用 300mg/L，直至抽茎换入壮苗生根培养基时，头孢霉素可以不再添加。在转基因苗长成后，为筛选掉嵌合体等假阳性，50mg/L 卡那霉素要一直添加，对生长受到明显抑制的转基因无性系尽早淘汰。

提取转基因白桦组培苗基因组总 DNA，利用载体特异性引物检测目标片段 T-DNA 整合情况，PCR 产物条带明显且符合预期大小，野生型白桦无特异性 PCR 产物，初步说明转基因白桦成功；通过 Real-Time PCR 进一步检测 *BpGT14* 表达干扰效率显示，转基因白桦无性系的干扰效率基本在 50%以上，可以用于后期该基因的功能分析。

在制作白桦茎节横切的石蜡永久切片时，由于组培苗水分较多，木质化程度低，因此在取材及脱水时要注意，适当延长每个梯度的脱水时间，尽量除尽材料内的自由水，脱水之后的透明及浸蜡步骤，特别是浸蜡时间要延长，以上步骤如果不能较好完成，最终会导致由于浸蜡的不完全，材料内部出现空隙，在切片时材料易碎或是内部结构观察出现问题；石蜡硬度的选择也会影响实验结果，夏天最好选择高熔点、硬度大的石蜡。本研究中的茎切片清晰完整，重复较多，完全可以保证数据可靠性。从计算结果可看出，RNAi 白桦苗茎组成结构发生明显变化，由于木质部细胞及导管面积的增大，均达到野生型白桦该部分细胞面积的 1.23 倍以上，从而使得木质部面积显著增加，是野生型的 1.23~1.47 倍。

白桦细胞壁组分检测中，首先通过木质素的专性染料间苯三酚进行定性观察，发现转基因白桦茎中木质素含量明显较少，为定量分析细胞壁各组成多糖的变化，采用比色法检测了各目标成分的含量，其中果胶作为酸性多糖较难处理，研究首先利用预处理后乙醇沉淀的方式获得粗提果胶，结合咔唑显色并对比标准曲线得出正确数值。结果显示，白桦植株中 *BpGT14* 转录水平下降之后，细胞壁多糖合成受到影响，其中半纤维素、果胶含量明显下降，达到极显著水平，分别为野生型植株的 52.33%~55.91%和 76.22%~89.16%，纤维素含量无明显变化；次生细胞壁中木质素含量较少，为野生型的 80.20%~86.99%，与间苯三酚染色一致。

5.5　本　章　小　结

本研究采用传统农杆菌介导的遗传转化技术，利用组培苗外植体为材料，成功获得转基因植株，在此过程中确定了转基因白桦再生体系。针对转基因白桦，利用特异性 PCR 方法和荧光定量 PCR 确定目标序列的整合与否并检测转基因无性系的 *BpGT14* 的干扰效率，最终确定了理想的转基因株系，用于基因功能的分析。本章研究中首先利用石蜡切片技术对转基因白桦茎横截面结构进行分析，发现转基因白桦茎组成细胞中木质部细胞及导管细胞面积显著增大，从而使木质部面积增加；然后检测细胞壁组分，发现多糖成分除纤维素外，其他多糖合成均受到影响，同时木质素含量也有所下降。即本实验通过研究 RNAi 白桦 *BpGT14* 的表达，获得了一个细胞壁半纤维素、果胶含量显著减小，木质部及导管面积增大的转基因白桦。

6 白桦微繁过程中 *BpGT14* 表达及 DNA 甲基化的变异机制

6.1 实 验 材 料

6.1.1 植物材料

白桦原始材料取自东北林业大学白桦强化种子园。

6.1.2 实验器材

接种、培养需要的基本器械为三角瓶、培养皿、烧杯、量筒、容量瓶、解剖刀、镊子、玻璃棒、酒精灯、滤纸等。其中玻璃器皿和金属器械采用 121℃高温湿热灭菌 20min。接种前，用酒精棉将超净工作台擦拭干净，打开超净工作台的风机，然后用紫外灯将超净工作台灭菌至少 20min。

6.2 实 验 方 法

6.2.1 培养基及培养条件

所有培养基均含 2%蔗糖，调 pH 至 6.0～6.5，121℃高温湿热 20min。培养室温度为 22～25℃，光/暗周期为 16h/8h，光照强度为 1000～1500lx，相对湿度为 60%～70%（詹亚光和杨传平，2002），培养基和激素浓度详见表 6-1。

表 6-1 培养基及激素组合

诱导培养基	培养基和激素
腋芽初始培养基	WPM 培养基+ BA 1.0mg/ml
茎段诱导培养基	WPM 培养基+BA 0.8mg/ml+NAA 0.2mg/ml
茎段愈伤分化培养基	WPM 培养基+BA 1.0mg/ml
花药愈伤诱导培养基	NT 培养基+KT 4.0mg/ml+TDZ 2.0mg/ml
花药愈伤分化培养基	WPM 培养基+BA 0.5mg/ml+KT 0.5mg/ml
生根培养基	WPM 培养基+BA 0.5mg/ml

6.2.2 外植体选取与消毒

从白桦上取腋芽、雄花两种外植体。取回枝条流水冲洗，腋芽在 70%乙醇中浸 1min，在超净台上剥去外层芽鳞，露出内芽尖及芽基，在 70%乙醇中浸 30s，再在 10%次氯酸钠中浸泡 10min，不断搅动，无菌水漂洗 3～5 遍，接种到腋芽初始培养基上（陶静和詹亚光，1998）。

6.2.3 腋芽增殖的继代培养

切除无菌苗基部愈伤组织，切取带分生点和叶片的茎段，转入腋芽初始培养基，进行继代培养。通过腋芽增殖再生的植株是在茎基部腋芽处生长出的，而不是通过愈伤再生形成。

6.2.4 愈伤组织的诱导及分化

以无菌苗的茎段为外植体诱导愈伤组织，接入 15d 后，诱导形成的愈伤组织呈绿色、较致密；将脱分化形成的茎段愈伤组织转入分化培养基，10d 左右茎段诱导的愈伤组织逐渐转变为带有芽原基的愈伤组织，不定芽伸长，最终分化出芽。

6.2.5 再生植株生根及移栽

将再生愈伤组织和腋芽增殖植株转入生根培养基中，10d 左右开始生根，根约 2cm 时炼苗，移栽。

6.2.6 酶液制取

称取 0.5g 鲜重实验材料，加入 5ml 磷酸缓冲液（pH=7.8，0.05mol/L），冰浴研磨后，将研磨液置于离心管中，低温（0～4℃）离心 20min，12 000r/min，离心后上清即为酶液。

6.2.7 保护酶活性的测定

6.2.7.1 过氧化物酶（POD）活性测定

愈创木酚法测定过氧化物酶活性，具体方法参照李合生（2006）。

配制反应混合液：50ml 0.3% H_2O_2 溶液+20μl 愈创木酚+ 3.9ml PBS（50mmol/L pH 7.8）。

测定：300μl 反应混合液中加入 100μl 酶液，以 50mmol/L pH7.8 PBS 作为对照，立即测量波长 470nm 处吸光度值 A_{470}，每隔 1min 读数一次，实验重复 3 次。

POD 活力计算方法：以每分钟 A_{470} 增加 0.01 定义为 1 个过氧化物酶活性单位（U）。

$$POD 活性 = (\Delta A_{470} \times V) / (a \times W)$$

式中，V 为酶液总体积（ml）；a 为测定时加入酶液体积（ml）；W 为样品鲜重（g）。

6.2.7.2 超氧化物歧化酶（SOD）活性测定

采用氮蓝四唑（NBT）光还原法测定超氧化物歧化酶活性，具体方法参照李合生（2006）。

配制如下溶液。

核黄素溶液：100ml PBS 缓冲溶液+0.012 04g 核黄素。

EDTA-Na 溶液：100ml PBS+3.7224g EDTA-Na。

NBT 反应液（400ml）：392ml PBS（pH 7.8）+0.0206g NBT+0.776g 甲硫酸铵+8ml 核黄素溶液+0.4ml EDTA-Na 溶液。

测定：3ml 反应液+0.05ml 粗酶液，对照置于暗处，待测样品置于光照培养箱中，20min，分别测量波长 560nm 处对照和待测样品吸光度值 OD_{560}，实验重复 3 次。

SOD 活力计算：SOD 酶活性以抑制 NBT 光化还原的 50% 为一个酶活性单位（U）表示。

$$SOD 总活性（U/g\ FW） = [(A_{CK} - A_E) \times V] / [0.5 \times A_{CK} \times W \times V_t]$$
$$SOD 比活力（U/mg） = SOD 总活性/样品总质量$$

式中，A_{CK} 为对照管光吸收值；A_E 为样品管光吸收值；V 为样品总体积（ml）；V_t 为测定样品用量（ml）；W 为样品鲜重（g）。

6.2.7.3 过氧化氢酶（CAT）活性测定

采用紫外分光光度法测量过氧化氢酶活性（孙彩霞等，2007）。

CAT 活力测定：1.5ml PBS（pH 7.5）+1ml H_2O+0.5ml 酶液，加 0.3ml H_2O_2（0.1mol/L），迅速测定 A_{240} 降低速度，每 20s 读数一次，共测 4min，实验重复 3 次。

CAT 活力计算：以每分钟 A_{240} 减少 0.1 定义为 1 个酶活性单位（U）。

$$CAT 活性 [U/(g\ FW·min)] = [\Delta A_{240} \times V_t] / [0.1 \times V \times t \times F_W]$$

式中，$\Delta A_{240} = [Aso - (As_1 - As_2)] / 2$；$Aso$ 为对照管光吸收值；As_1、As_2 为样品管吸光值；V_t 为粗酶提取液体积（ml）；V 为测定用体积（ml）；t 为加过氧化氢到最后一次读数时间（min）。

6.2.8 木质素测定

采用比色法（孙彩霞等，2007）测定木质素含量。

木质素测定：样品烘干，研磨，过 80 目筛，取 0.05g 溶于 1ml 溴乙酰冰醋酸溶液（25%），70℃恒温水浴加塞保温 30min，然后加 0.4ml NaOH（2mol/L）终止反应，再加 1ml 冰醋酸和 0.04ml 盐酸羟胺（7.5mol/L），6000r/min 离心 10min，取上清液稀释（100μl 样品提取液中加入蒸馏水定容至 5ml），测量 A_{280}，以表示木质素的含量。实验重复 4 次。

木质素含量计算：

$$木质素含量（\%）=吸收值×100/（吸收系数×样品浓度）$$

式中，吸收系数=20.2L/(g·cm)

6.2.9 丙二醛含量测定

采用硫代巴比妥酸（TBA）比色法测定丙二醛（MDA）含量，具体方法参照李合生（2006）。

MDA 提取：称取 0.5g 植物材料，加入 2ml TCA 和少量石英砂，研磨至匀浆，再加入 8ml TCA 进一步研磨，4000r/min 离心 10min，上清即为样品提取液。

MDA 测定：取上清液 1ml（对照加 1ml 水），加 2ml TBA，封口沸水浴 15min，迅速冷却，倒入离心管中，4000r/min 离心 20min，以 TBA 溶液为空白测定 600nm、532nm、450nm 处的吸光度。

MDA 计算：

$$MDA 浓度（μmol/L）= \left[6.45×（A_{532}-A_{600}）-0.56×A_{450}\right]/W$$

$$MDA 含量=MDA 浓度（μmol/L）×提取液体积（ml）/植物组织鲜重$$

6.2.10 可溶性糖含量测定

采用蒽酮比色法测定可溶性糖含量，具体方法参照李合生（2006）。

可溶性糖提取：0.3g 鲜样中加入 10ml 蒸馏水，沸水浴 30min（中间取出摇动一次），过滤，冲洗残渣，定容至 50ml。

可溶性糖测定：1ml 提取液（对照加 1ml 蒸馏水）+1ml 蒸馏水+0.5ml 蒽酮乙酸乙酯液+5ml 浓硫酸，沸水浴 1min，冷却至室温，测定 630nm 处吸光度值 A_{630}，重复 3 次。

可溶性糖计算：可溶性糖含量（%）=（$C×V/a×n$）/（$W×10^{6}$）

式中，C 为由标准曲线求得糖量（μg/ml）；a 为吸取样品液体积（ml）；V 为提取液量（ml）；n 为稀释倍数；W 为组织重量（g）。

6.2.11　可溶性蛋白含量测定

可溶性蛋白含量测定采用考马斯亮蓝 G-250 法（李合生，2006）。以牛血清白蛋白做标准曲线，计算各样品的蛋白质浓度（mg/g FW）。

总蛋白测定：使用 Bradford 蛋白浓度测定试剂盒（碧云天 P0006），对提取的样品进行定量并绘制标准曲线，具体操作见试剂盒说明书。

6.2.12　白桦 DNA 提取及亚硫酸盐处理

白桦基因组 DNA 提取采用改良 CTAB 法。利用甲基化 DNA 检测试剂盒（DNA Methylation Kit）处理白桦基因组总 DNA，具体操作步骤按照试剂盒说明书进行。

利用 Methprimer 在线软件（http://www.urogene.org/methprimer/）预测 *BpGT14* 启动子序列及 DNA 全长中的 CG 岛，同时设计 Bisulfite sequencing PCR（BSP）引物（表 6-2）进行 PCR，反应体系参考 EpiTaq™ HS 试剂盒说明书，如表 6-3 所示。

表 6-2　BSP 扩增相关引物

位置	引物名称	引物序列	T_m 值/℃
BpGT14 启动子区	*BpGT14*-1pF	5' ATTTGGGGTAGGGGTAGTTTATAGA 3'	52
	BpGT14-1pR	5' AAAAACTAAAATACCCAAAAAAACAC 3'	
	BpGT14-2pF	5' GGGGAATAGAATTAATATTGTAATTT 3'	56
	BpGT14-2pR	5' AACAATCAAATTTCATAAACAAAAAAC 3'	
BpGT14 编码区	*BpGT14*-EF	5' GTTTTTTATTTGGATTTTGAGGTAT 3'	54
	BpGT14-ER	5' CTAAAATTTATAAACCAATCCCACTC 3'	
BpGT14 内含子区	*BpGT14*-IF	5' TTTAGTGATTAATAGATAATGGGTTTATTA 3'	57
	BpGT14-IR	5' CCTAATACTTTAAATAACATTCAAAAAATA 3'	

表 6-3　BSP 反应体系

加入样品	加入量/μl
ddH₂O	23.75
10×Buffer	5
dNTP	6
MgCl₂	5
上游引物	4
下游引物	4
EpiTaq	0.25
模板	2
总体积	50

混匀后按如下程序进行 PCR。

（1）98℃ 45s。

（2）98℃ 10s→T_m 30min→72℃ 45min（共 30 个循环）。

（3）72℃ 7min→4℃ ∞。

PCR 产物取出后进行 1.2%琼脂糖凝胶电泳检测并回收，之后连接 pMD18-T 载体并转化。将阳性克隆菌液送生工生物工程（上海）股份有限公司测序验证。

6.2.13 *BpGT14* 及甲基转移酶基因表达量分析

6.2.13.1 白桦总 RNA 提取（Tris-CTAB 法）

实验取幼嫩愈伤组织、老化愈伤组织、出芽愈伤组织、抽茎愈伤组织、再生芽、再生植株各三份，分别提取其总 RNA，方法如下。

（1）取 650μl Tris-CTAB 和 50μl β-巯基乙醇加入到 1.5ml 离心管中，放在 65℃金属浴中预热，此为提取缓冲液。

（2）用液氮将灭菌后的研钵、杵充分冷却 3 或 4 次，从冰箱中取每管适量材料于研钵中，加入适量液氮研磨至白色粉末。

（3）将磨好的白色粉末加入到预热好的提取缓冲液 CTAB 中，充分振荡后放入 65℃金属浴中 15min，每 2～3min 混匀一次。

（4）加入 750μl 氯仿，4℃ 12 000r/min 离心 10min。

（5）取上清，重复上述步骤 3 次。

（6）取上清，加入 560μl LiCl、350μl 无水乙醇、60μl NaAc 混匀，静置 15～30min。

（7）12 000r/min 离心 10min，弃上清。

（8）用被 DEPC 处理过的 70%乙醇漂洗沉淀 2 次，之后在通风橱内开口风干。

（9）加入 20μl DEPC 处理的 ddH$_2$O，混匀备用。

6.2.13.2 cDNA 的获得

（1）电泳检测 RNA 的完整性。

（2）RNA 浓度的测定：用 BioSpectromete（Eppendorf）分光光度计测定 RNA 浓度。

（3）参照 TaKaRa 的反转录试剂盒，PCR 仪中 42℃ 2min 消化 DNA（表 6-4），37℃ 15min、85℃ 5s 反转录（表 6-5）。

（4）cDNA 质量检测：内参基因采用白桦持家基因微管蛋白基因（*tubulin*, *Tu*）（表 6-6），以 cDNA 为模板，进行 PCR 检测。

表 6-4 DNA 消化体系

反应试剂	使用量
5×gDNA Eraser Buffer	2μl
gDNA Eraser	1μl
RNA	500ng
RNase Free dH$_2$O	10μl

表 6-5 反转录体系

反应试剂	体积/μl
表 6-4 反应液	10
PrimerScript RT Enzyme Mix	1
RT Primer Mix	1
5×PrimerScript Buffer	4
RNase Free dH$_2$O	4
总体积	20

表 6-6 *BpGT14* 实时荧光定量相关引物

引物名称	引物序列（5′→3′）
y*BpGT14*-F	GATTATGCTGCTTTTGACTGCCA
y*BpGT14*-R	ATTCGTTAGTTCCAACCTTTCGC
Tu-F	TCAACCGCCTTGTCTCTCAGG
Tu-R	TGGCTCGAATGCACTGTTGG

6.2.13.3 荧光定量 PCR

荧光定量 PCR 采用 ABI 7500 Fast Real-Time PCR System 进行，以表 6-7 反应体系和表 6-8 反应条件，以列于表 6-9 的 *BpGT14* 检测引物，进行荧光定量 PCR。

表 6-7 荧光定量 PCR 反应体系

反应试剂	体积/μl
SYBR® Premix Ex *Taq* II（2×）	10
PCR Forward Primer	0.8
PCR Reverse Primer	0.8
ROX Reference Dye II（50×）	0.4
cDNA 模板	2
ddH$_2$O	6
总体积	20

表 6-8　荧光定量 PCR 反应条件

反应过程	循环数	反应条件
	1	95℃ 30s
荧光定量 PCR	40	95℃ 3s，60℃ 30s
	1	95℃ 15s，60℃ 60s，95℃ 15s

表 6-9　甲基转移酶基因扩增引物

基因	引物序列（5′→3′）
BpCMT	F：GCATTTCCAATCTGACAGTACCTCTC R：AGATTATGCCTTTACCTTTGAACAAG
BpDRM	F：TGAGATGTGGAAAAGGAAAAAGCAG R：TCATACAGGAACCGTGAAATAGTGG
BpMET	F：TCCCCACCTTACCCATTGGTT R：AGGTTCTGATTGGCATGACCTTC
α-tublin	F：TGGTATTCAGGTCGGCAATG R：GTGGAAGAGCTGGCGGTAAG
18S rRNA	F：ATCTTGGGTTGGGCAGATCG R：CATTACTCCGATCCCGAAGG

6.2.14　数据处理

试验数据分析采用 Excel 2000 和 DPS 分析程序。

6.3　结果与分析

6.3.1　愈伤组织的诱导和分化

体外腋芽接种于 WPM 基础培养基并补充相应植物生长调节剂（WPM+1.0mg/L BA）30d，获得白桦幼苗（图 6-1A～C）。用 20d 幼苗的茎段离体培养，诱导愈伤组织。经过 20d 的培养后，获得绿色致密的愈伤组织（图 6-1D）。植物再分化过程中，将愈伤组织倒入分化培养基，经过 20d 培养（图 6-1G），愈伤组织分化出许多芽原基，芽原基进一步伸长，分化成不定芽（图 6-1H）。转移进入 WPM 基础培养基，补充相应植物生长调节剂（WPM+0.5mg/L BA），20d 后，幼苗开始生根。

6.3.2　甲基转移酶基因的表达

为了评估白桦在微体繁殖中 DNA 甲基化的变化，我们分析了白桦在不同的发育阶段甲基转移酶基因的表达水平。将腋芽期基因的转录水平作为基线，以计

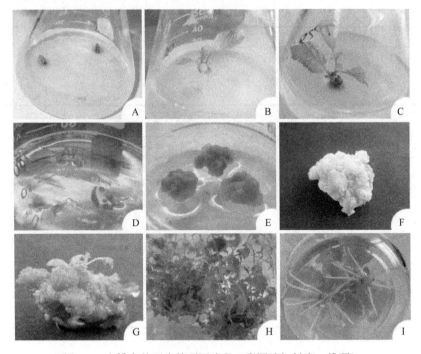

图 6-1　白桦离体再生的不同阶段（彩图请扫封底二维码）

白桦微繁过程中不同发育阶段: A. 腋芽; B, C. 腋芽抽茎; D. 愈伤组织诱导初期; E. 愈伤组织形成（幼嫩愈伤,
诱导后 20d）; F. 老化愈伤（诱导后 40d）; G. 愈伤组织转入分化培养; H. 形成再生芽; I. 再生芽生根

算其他阶段基因的相对表达水平。其中 *BpCMT*、*BpMET* 和 *BpDRM* 基因的表达水平在组织培养期间的不同阶段有着显著差异（$P \leq 0.05$，图 6-2）。*BpMET* 和 *BpDRM* 基因的表达水平在老化的愈伤组织中达到峰值，而 *BpCMT* 的表达水平在根部最高。幼嫩的愈伤组织中，*BpCMT*、*BpMET* 和 *BpDRM* 基因的表达水平均低于其他时期，与 5′-CCGG 的胞嘧啶甲基化水平一致。

6.3.3　甲基转移酶的活性分析

DNA 甲基转移酶催化甲基转移至 DNA。在植物微繁殖和再生过程中确定甲基转移酶活性是很有必要的，可以更好地了解 DNA 甲基化的动力学。如图 6-3 所示，甲基转移酶活性在组织培养期间的不同阶段有着显著差异（$P \leq 0.05$）。随着腋芽从芽到愈伤组织分化并将愈伤组织再分化为出芽愈伤组织，甲基转移酶的平均活性逐渐降低（图 6-3）。幼嫩愈伤组织中甲基转移酶的活性约为腋芽的 70%，在再生芽形成过程中略微增加，约为出芽愈伤组织中甲基转移酶活性的 1.2 倍，但仍低于腋芽。在生根过程中，与再生芽相比，甲基转移酶活性没有显著差异。从幼嫩的愈伤组织到老化愈伤组织的过渡期间，甲基转移酶活性明显提高，约为幼嫩愈伤组织的 2.2 倍，如图 6-3 所示。我们发现甲基转移酶活性的趋势与胞嘧啶 DNA 甲基化水平一致。

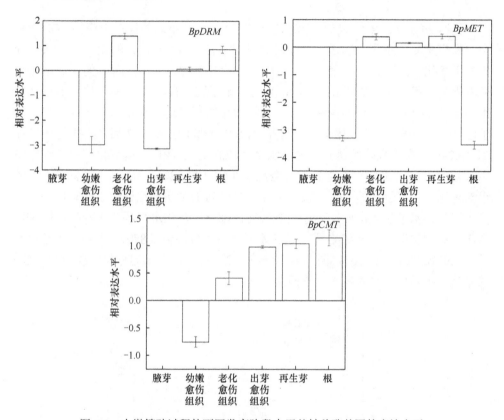

图 6-2　在微繁殖过程的不同发育阶段中甲基转移酶基因的表达水平

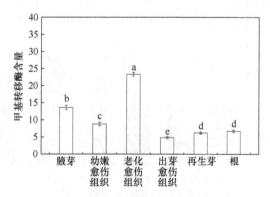

图 6-3　在微繁殖不同阶段的白桦甲基转移酶活性

数据是来自三次独立重复的（平均值±SE），不同小写字母表示通过单因素方差分析（*n*=3）测定的 0.05 水平的显著差异

6.3.4　5'-CCGG 的胞嘧啶甲基化水平

使用 24 对 *Eco*R I +*Hpa* II/*Msp* I 选择性引物，从不同的株系中获得 578～840 个清晰可重复的条带。基于甲基化敏感扩增多态性（MSAP）的模式，将条带分为非甲基化、外部 C 的半甲基化、内部 C 的全甲基化，以及外部 C 的全甲基化或两者都是半甲基化。如图 6-4 所示，我们发现不同发育阶段 CCGG 位点的甲基化水平从 11.92% 到 17.03% 各不相同。幼嫩愈伤组织平均甲基化水平（11.92%）低于腋芽（13.94%）。甲基化水平在萌芽阶段增加到 12.36%，然后在再生芽中增加到 15.24%，在生根阶段达到了最高水平（17.03%）。我们发现老化的愈伤组织中甲基化水平（14.50%）明显高于幼嫩愈伤组织（11.92%），说明随着愈伤组织的逐渐老化，越来越多的 DNA 被甲基化。当幼嫩的愈伤组织逐渐成熟时，基因外侧半甲基化水平从 4.14% 上升到 6.62%，而内部全甲基化水平从 7.79% 降至 5.85%。从再生芽到生根期，外部 C 半甲基化水平从 8.31% 降至 6.87%，内部全甲基化水平从 6.93% 提高到 10.16%（图 6-4，图 6-5）。结果表明，在不同分化阶段，5'-CCGG 的胞嘧啶甲基化水平和模式是不同的。

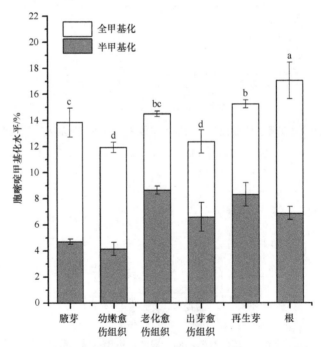

图 6-4　三个白桦克隆微繁殖不同阶段 CCGG 位点的胞嘧啶甲基化水平

数据是来自三次独立重复的（平均值±SE），不同小写字母表示通过单因素方差分析（*n*=3）测定的 0.05 水平的显著差异

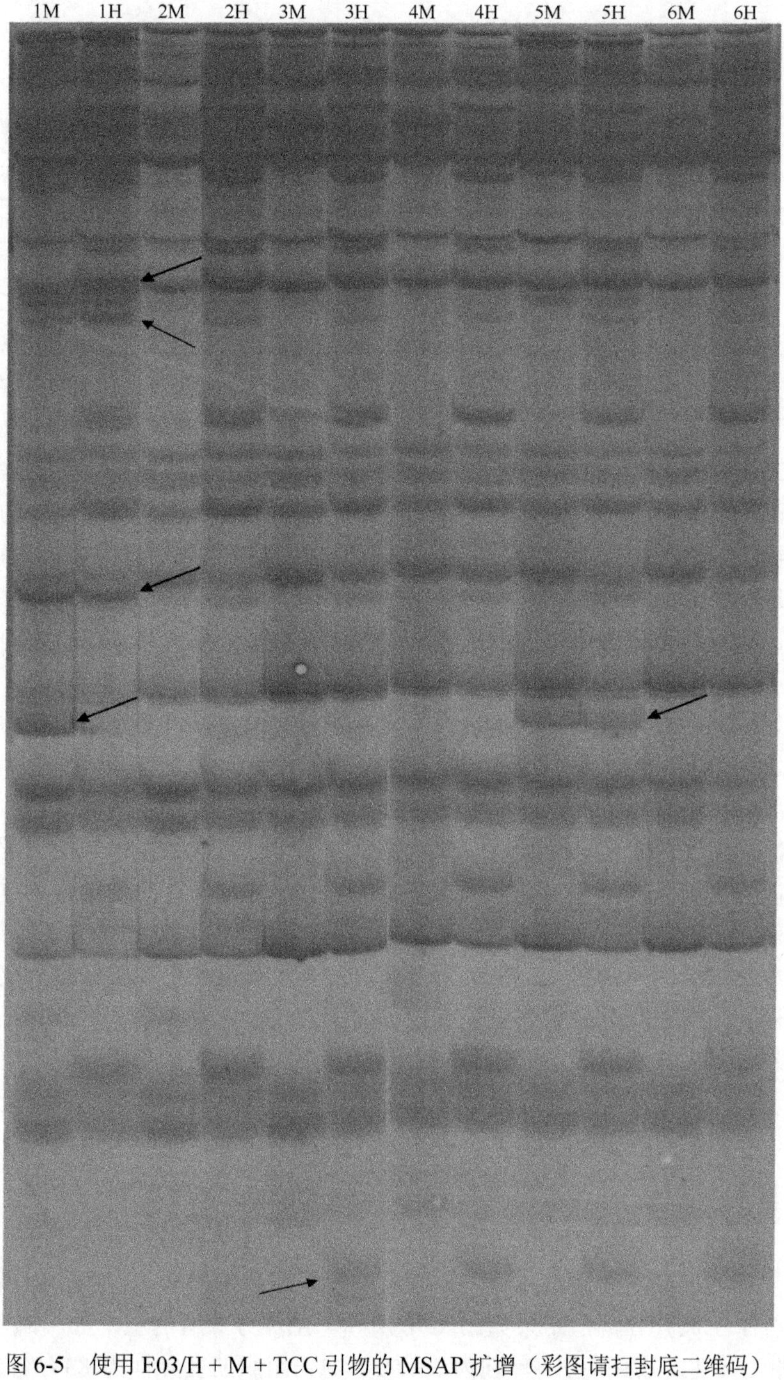

图 6-5 使用 E03/H + M + TCC 引物的 MSAP 扩增（彩图请扫封底二维码）

微繁殖过程中 6 个发育阶段的 DNA 甲基化变化：1. 再生芽；2. 腋芽；3. 愈伤组织；4. 幼嫩愈伤组织；5. 出芽愈伤组织；6. 根。H 代表用 *Hpa* II+*Eco*R I 消化的泳道，M 为 *Msp* I + *Eco*R I 消化的泳道，箭头所指为微繁殖过程中具有变化的条带

6.3.5　再生不同阶段细胞氧化还原水平

为了评估白桦在微繁殖期间细胞氧化还原的水平，我们对其抗氧化酶活性和活性氧（ROS）的含量进行了检测。研究发现，不同发育阶段的抗氧化酶活性有显著的差异（图 6-6）。从腋芽期开始，抗氧化酶的活性不断升高，到出芽愈伤组织阶段时活性达到最高水平。萌芽阶段的 POD 活性约为愈伤组织的 2 倍，腋芽的 4.4 倍。老化愈伤组织中 POD 的活性仅为幼嫩愈伤组织中 POD 活性的 9.2%，表明随着愈伤组织老化，POD 活性逐渐降低。SOD、CAT 和谷胱甘肽 S-转移酶（GST）活性的变化表现出与 POD 类似的趋势（图 6-6）。抗坏血酸过氧化物酶（APX）、谷胱甘肽还原酶（GR）、脱氢抗坏血酸还原酶（DHAR）和单脱氢抗坏血酸还原酶（MDHAR）是参与抗坏血酸-谷胱甘肽代谢途径中必要的抗氧化酶。这些抗氧化酶在不同阶段的活性如图 6-6 所示。愈伤组织中 APX、GR 和 DHAR 的活性高于其他阶段。MDHAR 的活性在再生组织中较高，如出芽愈伤组织和再生芽组织。统计学分析表明，不同发育阶段的 ROS 水平和 MDA 含量差异显著（$P \leqslant 0.05$，图 6-7）。随着幼嫩愈伤组织变老，MDA 和 ROS 水平分别上升了 1.5 倍和 1.8 倍。

为了更全面地研究白桦在不同发育阶段中的生理状态，我们对其他 6 个指标进行了分析。结果如图 6-8 所示，白桦样本中可溶性糖、可溶性蛋白、木质素和脯氨酸含量在组织培养期间的不同阶段有显著差异（$P \leqslant 0.05$，图 6-8）。当腋芽去分化后形成幼嫩愈伤组织时，可溶性糖的含量增加约 1.13 倍；当幼嫩的愈伤组织变老时，可溶性糖的含量降低约 50%。在腋芽去分化形成愈伤组织的过程中，可溶性蛋白的含量下降约 88%，但在愈伤组织再分化形成发芽愈伤组织的过程中没有显著差异。愈伤组织老化期可溶性蛋白含量显著降低。与幼嫩的愈伤组织相比，成熟的愈伤组织中只含有 16.7% 的可溶性蛋白。木质素含量在腋芽脱分化期间没有显著差异，但在从发芽愈伤组织到枝条的再生过程中木质素含量差异显著。脯氨酸含量在再生芽中最低，在萌芽和成熟愈伤组织中的含量相似，高于其他阶段。研究发现，不同发育阶段的叶绿素 a 和 b 的含量差异显著，在再生芽中含量达到最高值，在根和成熟愈伤组织中含量最低（图 6-8）。

6.3.6　再生不同阶段变异的主成分分析

为了描述白桦在微繁殖过程不同发育阶段生理状态的变化，我们对所获得的数据进行了主成分分析，结果如图 6-9 所示。主成分分析的主平面（F1×F2）为 78.6% 的变异性，腋芽期 F1 单独为 55.7%。愈伤组织的变异性为 83.0%，成熟愈伤组织 F1 单独为 60.6%，老化愈伤组织中 F1 单独为 52.1%，出芽愈伤组织为 81.4%（F1 单独为 59.1%），再生芽变异性为 73.8%（F1 单独为 53.1%），根为 89.5%（F1

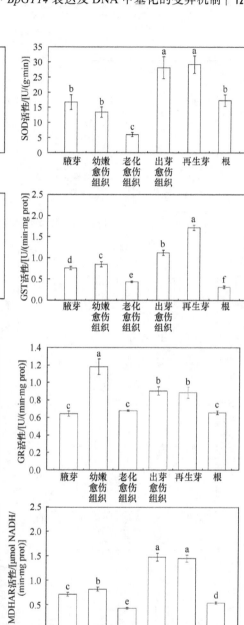

图 6-6 过氧化物酶（POD）、超氧化物歧化酶（SOD）、过氧化氢酶（CAT）、谷胱甘肽 S-转移酶（GST）、抗坏血酸过氧化物酶（APX）、谷胱甘肽还原酶（GR）、脱氢抗坏血酸还原酶（DHAR）和单脱氢抗坏血酸还原酶（MDHAR）在三个白桦克隆中不同微繁殖阶段的活性

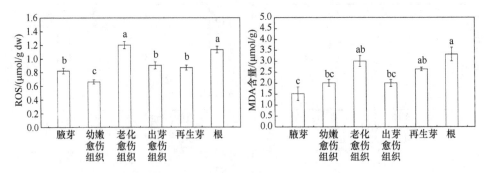

图 6-7 三个白桦克隆中不同微繁殖阶段的活性氧（ROS）水平和 MDA 含量

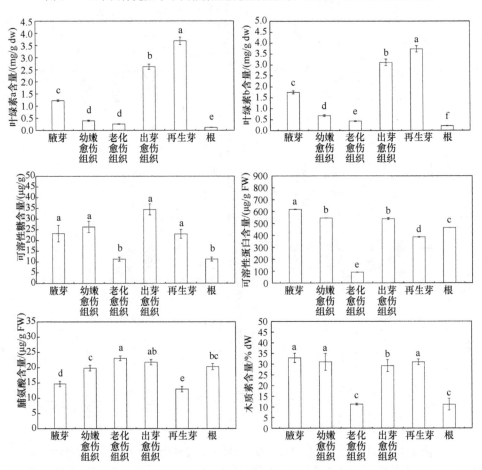

图 6-8 三个白桦克隆中不同微繁殖期叶绿素 a 和叶绿素 b、可溶性糖、
可溶性蛋白、脯氨酸和木质素含量

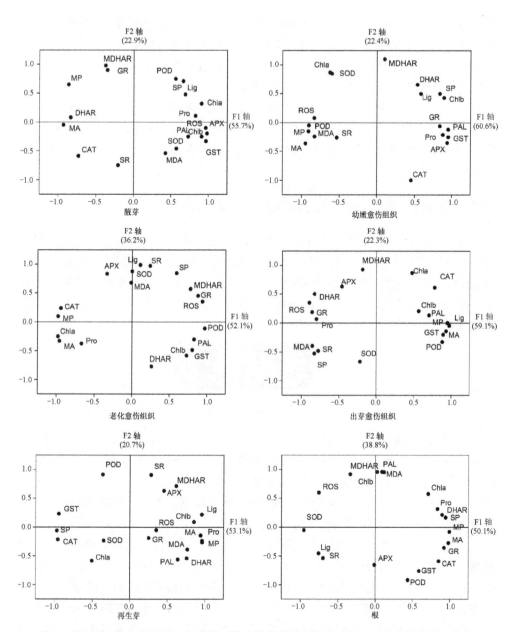

图 6-9　主要成分分析表征，以表征三个白桦克隆微繁殖过程的 6 个发育阶段的变异性

变量表示在由主成分分析的两个主要因素定义的平面上，它们的坐标是它们的线性相关系数。APX 为抗坏血酸过氧化物酶，CAT 为过氧化氢酶，Chla 和 Chlb 分别为叶绿素 a 和叶绿素 b，DHAR 为脱氢抗坏血酸还原酶，GR 为谷胱甘肽还原酶，GST 为谷胱甘肽 S-转移酶，MP 为甲基胞嘧啶（CCGG）百分比，MA 为甲基转移酶活性，MDHAR 为单脱氢抗坏血酸还原酶，ROS 为活性氧，SOD 为超氧化物歧化酶，POD 为过氧化物酶，Lig 为木质素，PAL 为苯丙氨酸裂解酶

单独为 50.1%）。该主平面中每个变量的坐标（F1×F2）由它们与这些轴的线性相关系数定义。计算甲基胞嘧啶与 F1 或 F2 轴水平之间的线性相关性。5′-CCGG 处的胞嘧啶甲基化百分比在腋芽期 F1 轴为负（Pearson 系数 $r = -0.863$，$P \leqslant 0.01$）；幼嫩愈伤组织 Pearson 系数 $r = -0.909$，$P \leqslant 0.01$；成熟愈伤组织 Pearson 系数 $r = -0.978$，$P \leqslant 0.01$。相比之下，甲基胞嘧啶百分比在出芽愈伤组织期 F1 Pearson 系数 $r = 0.974$，$P \leqslant 0.01$；再生芽期 Pearson 系数 $r = 0.963$，$P \leqslant 0.01$；根 Pearson 系数 $r = 0.994$，$P \leqslant 0.01$。这些结果清楚地表明，白桦在微繁殖过程中存在相应的表观遗传和生理变化。

6.3.7 愈伤再生不同发育阶段 *BpGT14* 基因表达分析

为研究愈伤再生各阶段白桦 *BpGT14* 基因表达量的变化情况，实验取白桦愈伤组织再生苗各个阶段材料，采用改良 CTAB 法（曾凡锁等，2007）提取各组织总 RNA，由图 6-10 得知，白桦 RNA 提取质量良好，紫外分光光度计检测结果显示核酸 A_{260}/A_{280} 数值为 1.9～2.1，浓度为 300～1500ng/μl，可用于之后的荧光定量 PCR 实验。

28S→
18S→

图 6-10 白桦总 RNA 提取

利用 TaKaRa 生物公司 PrimeScript™ RT reagent Kit with gDNA Eraser 试剂盒反转录 0.5ng 总 RNA，并用白桦持家基因微管蛋白（tubulin，Tu）验证 cDNA 完整性，结果显示所有白桦 cDNA 模板质量及完整性良好，均可用于荧光定量 PCR 实验，利用 ABI 7500 Fast Real-Time PCR System 仪器进行实验，数据导出时，基线设置在指数增长期内以期减小实验误差。

采用 $\Delta\Delta C_T$ 法处理荧光定量 PCR 扩增数据，已再生白桦苗根中 *BpGT14* 基因表达量为对照，负值表示其 *BpGT14* 基因下调表达，反之亦然。由图 6-11 可以看出，再生阶段初期，由于组织脱分化作用，白桦 *BpGT14* 基因表达量增加，是根中 *BpGT14* 基因表达量的 1.89 倍，随后其转录水平开始下降，在出芽愈伤组织中 *BpGT14* 基因表达量仅为根中表达量的 43%，老化愈伤组织中其表达量仅为根中表达量的 62%，再生植株生根阶段发现，根中 *BpGT14* 基因表达水平最高，分别为茎、叶中其表达量的 1.18 倍和 1.67 倍。

6.3.8 白桦 *BpGT14* 基因内含子生物信息学分析

将测序序列及已有白桦 cDNA 序列进行比对可知，白桦 *BpGT14* 基因全长

4522bp，包含 4 个外显子、3 个内含子（图 6-12）。

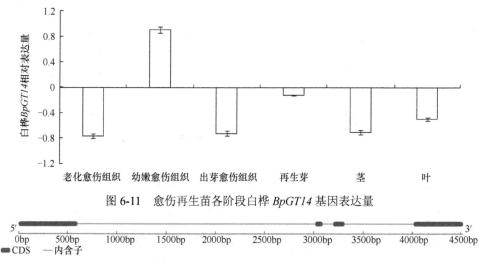

图 6-11　愈伤再生苗各阶段白桦 *BpGT14* 基因表达量

图 6-12　白桦 *BpGT14* 基因内含子及外显子示意图

利用在线软件 EM-BOSS CPGPLOT（http://www.ebi.ac.uk/Tools/em-boss/cpgplot/index/html）分别对白桦 *BpGT14* 基因三段内含子（intron）1、2、3 进行 CpG 岛预测，结果（图 6-13）显示三段内含子均无 CpG 岛，采用 ReapeatMasker（http://www.repeatmasker.org）对基因重复序列进行预测均未发现重复序列。PlantCARE（http://bioinformatics.psb.ugent.be/webtools/plantcare/html/）分析显示：①intron1 序列中含有增强子元件 CAAT 框 45 个。激素响应元件有：MeJA 2 个（TGACG-motif、CGTCA-motif），水杨酸 5 个（TCA-element），生长素 1 个（AuxRR-core），赤霉素 1 个（TATC 框），脱落酸 1 个（ABRE）。外界环境响应元件：光 14 个（GT1-motif、GATA-motif、I-box、AE-box、ATCT-motif、Box 4、MNF1），高温 3 个（HSE），低温 1 个（LTR），干旱 4 个（MBS），机械损伤 1 个（WUN-motif）。生长发育相关元件有：胚乳发育 10 个（Skn-1_motif），昼夜节律响应 2 个（circadian）。②intron2 序列中含有增强子元件 CAAT 框 2 个。外界环境响应元件有：光 1 个（ACE）。③intron3 序列中含有增强子元件 CAAT 框 16 个。激素响应元件有：MeJA 2 个（CGTCA-motif、TGACG-motif），生长素 1 个（AuxRR-core），赤霉素 1 个（GARE-motif）。外界环境响应元件：光 3 个（Box 4、G-box、I-box）。生长发育相关元件：胚乳发育 3 个（GCN4_motif、Skn-1_motif），昼夜节律响应 1 个（circadian）。所有预测元件暗示，内含子对基因表达及功能具有一定调节作用。

进化树分析表明（图 6-14），白桦 *BpGT14* 与桃树、毛果杨等亲缘关系较近，拟南芥、烟草次之，与单子叶植物棕榈亲缘关系最远，说明 *GT14* 在单子叶及

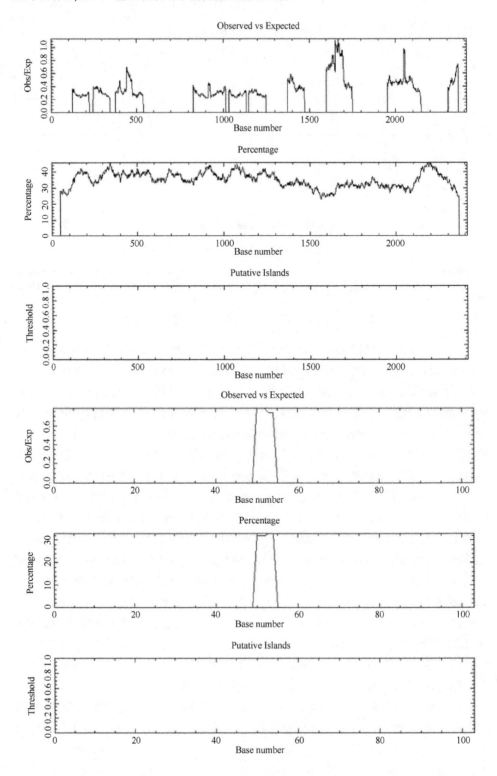

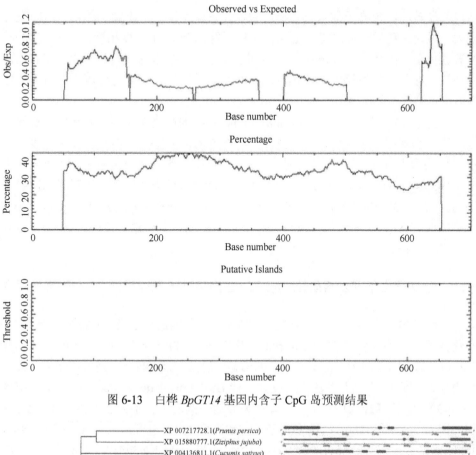

图 6-13　白桦 *BpGT14* 基因内含子 CpG 岛预测结果

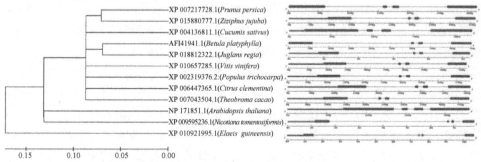

图 6-14　白桦 *BpGT14* 系统进化树及相关基因结构示意图

双子叶植物之间分为 2 支,不同物种间 *GT14* 亲缘关系的变化预示着 *GT14* 序列变异频繁, 同时双子叶植物中发现有 2 个以上拷贝数的存在, 说明种内存在旁系同源基因。结合 Alignment Exon Intron Structure 的植物 *GT14* 基因内含子-外显子结构分析结果可以看出, 不同物种间, *GT14* 基因保持着 3 个内含子、4 个外显子的特征, 但在进化距离较远的单、双子叶植物之间序列长度差异较大, 同是双子叶植物, intron1 插入位置因进化距离远近也有不同, 进化距离近, 则内含子-外显子结构差异较小，内含子插入位置相对稳定；进化距离远，内含子插入位置的变化较大。进化距离较近的白桦、毛果杨、枣树等的 intron1 长度相近，约为 1500bp，随着进化距离的增大，intron1 的长度明显变小，在拟南芥中只有 200bp 左右，但也不缺乏在单子叶棕榈中 intron1 长达 6000bp 的个例。说明进化压力对内含子序列长度产生了一定的影响。

外显子-内含子连接区（exon-intorn junction）的高度保守性和碱基序列特异性是真核生物基因断裂结构的重要特点，白桦 *BpGT14* 基因 intron1、2、3 三段内含子序列均遵循 GT-AG 剪切法则，5′端剪切供体（5′ splice donor）序列分别为 GACGgtta、AATTgtaa、ACAGgtag（大写表示相邻外显子序列，小写表示内含子序列。下同），3′端剪切受体（3′ splice acceptor）序列分别为 gcagATAT、gtagGAAC、tcagCATC。A+T 含量分别为 40%、47.1%、43.1%，与一般非编码区 A+T 含量高的特点不相符。

6.3.9 愈伤再生不同发育阶段 *BpGT14* 基因启动子及编码区 DNA 甲基化变异

为研究愈伤组织再生苗各阶段白桦 *BpGT14* 基因启动子及 DNA 序列的甲基化变化情况，应用在线软件 MethPrimer 及 Methyl Primer Express v1.0 分析白桦 *BpGT14* 基因相关序列，结果显示，*BpGT14* 启动子及 DNA 序列内均无 GC 岛；利用软件预测最易发生甲基化区段并设计 BSP（bisulfite sequencing PCR）引物（表 6-2），实验共选取白桦 *BpGT14* 基因启动子两段，分别为 5′-UTR 上游–255～–49bp 和–794～–541bp，起始密码子下游编码区 351～569bp，intron3 序列的 89～348bp，以愈伤再生途径各阶段基因组 DNA（经 DNA Methylation Kit 处理）为模板，进行 BSP，产物经琼脂糖电泳检测回收后与 PEAZy-T5 连接转化 DH5α 感受态细胞，37℃过夜培养，挑取单克隆，经菌液 PCR 验证后送上海生工测序检测。

由图 6-15 可看出，愈伤再生各阶段，白桦 *BpGT14* 基因甲基化程度各不相同，在愈伤组织形成初期，由于脱分化作用，白桦 *BpGT14* 基因启动子甲基化程度明显降低，随着愈伤表面芽点的生成，甲基化水平由 0.67%提高到 2.56%，这也与白桦 *BpGT14* 基因表达量变化趋势相反，再次证实基因启动子的甲基化程度升高会影响基因的转录表达，其余各阶段甲基化程度维持在 2.0%左右；编码区甲基化水平在愈伤组织生芽及再生芽中甲基化水平显著升高，分别达到 10.81%和 5.40%，其余各阶段（即使是在组织脱分化形成愈伤组织时）甲基化水平均维持在 2.70%；白桦 *BpGT14* 基因内含子甲基化水平在愈伤组织形成初期达到最高值 6.98%，在愈伤出芽阶段下降到 0%，甲基化水平的变化趋势与启动子及编码区甲基化水平完全相反，预示着内含子的甲基化在白桦愈伤再生过程中的特殊功能。在非愈伤组织中其甲基化水平为 4.65%～6.98%。

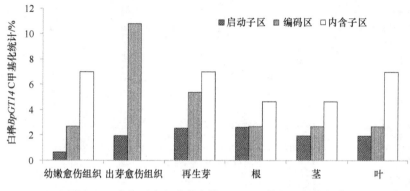

图 6-15　愈伤再生各阶段白桦 *BpGT14* 基因甲基化程度

在愈伤再生过程中，白桦 *BpGT14* 基因启动子甲基化水平逐渐升高，但从启动子 C 甲基化检测（图 6-15）可看出，不同发育阶段，甚至是同一植株的不同部位，甲基化位点或数目也存在差异，这种差异可能与 *BpGT14* 基因不同部位不同时间的功能发挥有关。启动子 C 的甲基化会出现在特定时期的特定部位，如启动子–225～–49bp 第一个 CpG 处的 C 在白桦再生过程中处于未甲基化状态，但在愈伤组织老化变硬之后，此处 C 却被甲基化；第二个 CpG 中 C 的甲基化只出现在植株中，在愈伤组织和再生芽中均未被甲基修饰。从 plantCARE 功能预测来看，白桦愈伤再生过程中，光响应元件、CAAT 框及 py-rich 中 C 的甲基修饰变化频繁，CAAT 框和 py-rich 作为增强表达元件，其序列中的 C 均在再生芽中被甲基修饰，推测是组织再分化过程中甲基化模式重建的原因，sp1 光响应元件中 C 在出芽愈伤组织中发生甲基化，其余阶段均未检测到甲基化的发生，其余预测到的包含 CG、CNN 序列的启动子元件中 CAAT 框、G 框、CSN4-motif、低温响应元件等在白桦愈伤再生过程中均未发生甲基化。

白桦 *BpGT14* 基因编码区甲基化模式（图 6-15）在根、茎、叶中完全相同，只在第 5 个 CpG 处 C 发生甲基化；从白桦愈伤再生过程可以看出，在愈伤生芽的过程中，编码区 C 甲基化个数由幼嫩愈伤组织中的 1 个增加到 4 个，成苗后，C 甲基化个数减少为 1 个且在各部位表现相同，但需要注意的是，初期愈伤组织与白桦苗中的 5-甲基胞嘧啶（5-methylcytosine，5mC）位点不同。

白桦 *BpGT14* 基因内含子 BSP 产物测序结果（图 6-16）显示，在组织脱分化形成初期愈伤组织时，内含子甲基化个数达到最大值 3 个，在愈伤出芽过程中 3 处均发生了去甲基化，使得此时 5mC 的个数为 0，其中第 1 处 CpG 位于 MeJA 响应元件和器官发育元件内；白桦出芽成苗过程中，内含子甲基化水平开始升高，再生芽中 CAAT 框中 C 发生甲基化，成苗后的叶中光响应元件框中 C 发生甲基化。总之，白桦 *BpGT14* 基因内含子甲基化水平与启动子及编码区甲基化水平变化趋势相反，在组织脱分化时期甲基化水平反而最高，在诱导出芽的再分化过程中

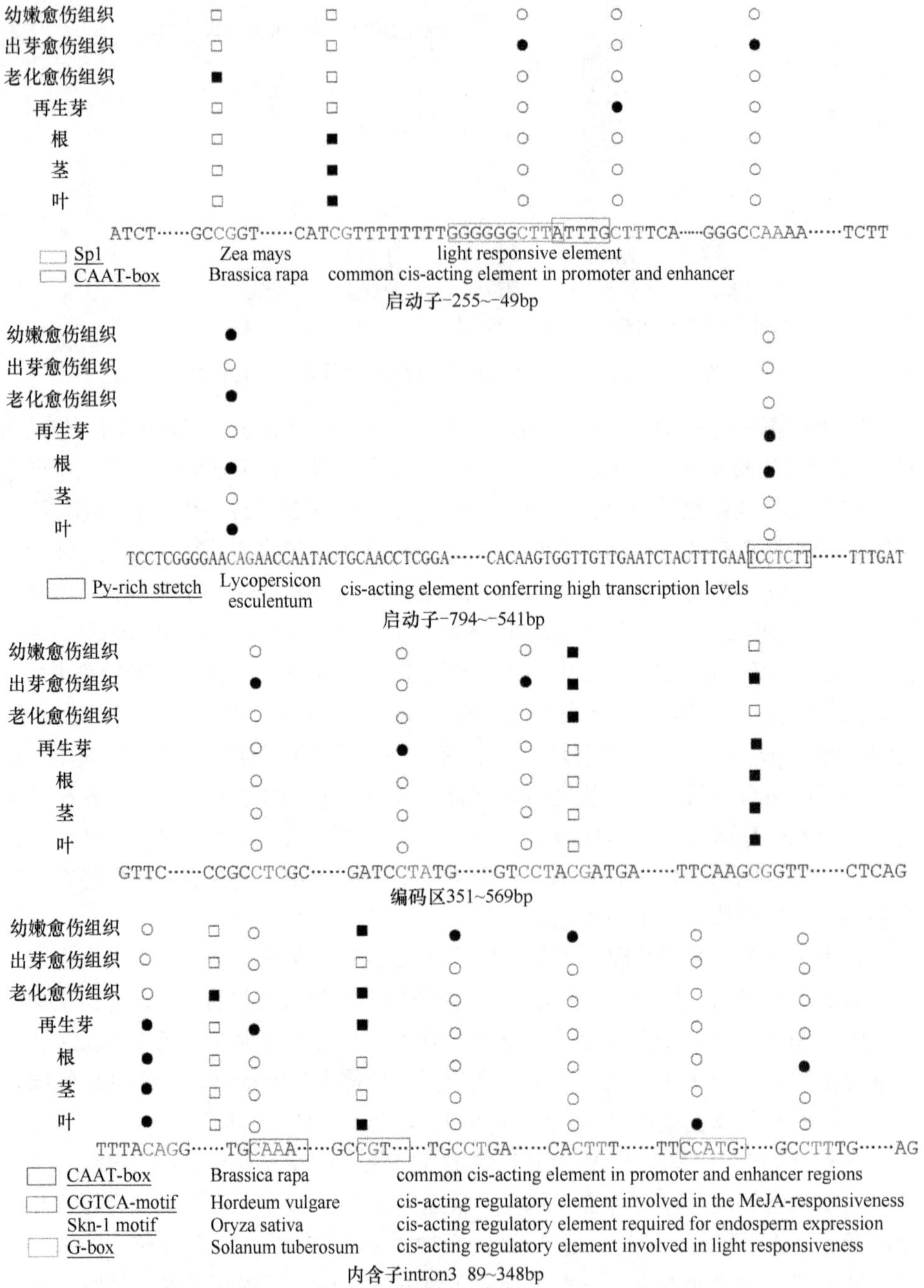

幼嫩愈伤组织
出芽愈伤组织
老化愈伤组织
再生芽
根
茎
叶

ATCT┄┄GCCGGT┄┄CATCGTTTTTTTTTGGGGGGCTTATTTGCTTTCA┄┄GGGCCAAAA┄┄TCTT

Sp1　　　　　Zea mays　　　light responsive element
CAAT-box　　Brassica rapa　common cis-acting element in promoter and enhancer

启动子-255~-49bp

幼嫩愈伤组织
出芽愈伤组织
老化愈伤组织
再生芽
根
茎
叶

TCCTCGGGGAACAGAACCAATACTGCAACCTCGGA┄┄CACAAGTGGTTGTTGAATCTACTTTGAATCCTCTT┄┄TTTGAT

Py-rich stretch　Lycopersicon esculentum　cis-acting element conferring high transcription levels

启动子-794~-541bp

幼嫩愈伤组织
出芽愈伤组织
老化愈伤组织
再生芽
根
茎
叶

GTTC┄┄CCGCCTCGC┄┄GATCCTATG┄┄GTCCTACGATGA┄┄TTCAAGCGGTT┄┄CTCAG

编码区351~569bp

幼嫩愈伤组织
出芽愈伤组织
老化愈伤组织
再生芽
根
茎
叶

TTTACAGG┄┄TGCAAA┄┄GCCGT┄┄TGCCTGA┄┄CACTTT┄┄TTCCATG┄┄GCCTTTG┄┄AG

CAAT-box　　　Brassica rapa　　　common cis-acting element in promoter and enhancer regions
CGTCA-motif　Hordeum vulgare　cis-acting regulatory element involved in the MeJA-responsiveness
Skn-1 motif　　Oryza sativa　　cis-acting regulatory element required for endosperm expression
G-box　　　　Solanum tuberosum　cis-acting regulatory element involved in light responsiveness

内含子intron3 89~348bp

图6-16　白桦 *BpGT14* 基因相关序列甲基化分析（彩图请扫封底二维码）

红色字母中 C 碱基均为相关序列检测到的甲基化位点，■代表 CpG 中 C 碱基发生甲基化，□代表 CpG 中 C 碱基没有发生甲基化，●代表 CpNpN 中 C 碱基发生甲基化，○代表 CpNpN 中 C 碱基没有发生甲基化；各颜色方格中的序列为顺式作用元件

甲基化水平却是最低的，并且在白桦苗根、茎、叶不同部位，甲基化水平及位点
也呈现差异。

6.4 讨 论

6.4.1 甲基转移酶基因在再生过程中的表达

DNA 甲基化主要受各种 DNA 甲基化酶的综合影响（Cokus et al.，2008）。DNA
甲基化酶基因表达的改变影响着植物中 DNA 的甲基化程度和模式（Finnegan and
Kovac，2000）。目前的研究表明，甲基转移酶有三种类型：①具有维持 CpG 位点
甲基化功能的甲基转移酶（MET1）（Jackson et al.，2002；Xiao et al.，2003；Aufsatz
et al.，2004）；②具有维持 CpNpG 位点甲基化（N 代表 A、T、C 或 G）的染色质
甲基化酶 CMT（Rival et al.，2008；Cao and Jacobsen，2002）；③以 DNA 重复序
列导向和 RNA 指导的 DNA 甲基化（RdDM）为主要功能的甲基转移酶（Cao et al.，
2000；Matzke et al.，2007）。关于 DNA 甲基转移酶基因的表达与组织培养诱导的
变化之间关系的报道很少。据报道，在油棕组织培养产生的异常不成熟的花序中，
EgMET1 基因的转录水平提高了，而 *EgCMT1* 和 *EgDRM1* 基因转录的水平没有发
生变化（Jaligot et al.，2000）。Fujimoto 等（2006）研究了芸苔属甘蓝等的 *MET1*
基因，发现其在分化部位的表达量较高。Giannino 等（2003）发现 *MET1* 基因在
不同组织和器官中的表达明显高于顶生分生组织。分生组织中的高表达意味着
MET1 基因具有维持甲基化的功能，因为 DNA 复制在分生组织细胞中非常活跃。
在本研究中，当芽分化成愈伤组织时，*BpDRM*、*BpMET* 和 *BpCMT* 基因的表达均
下降了。*BpDRM*、*BpMET* 和 *BpCMT* 基因在老化的愈伤组织中表达量增加。这些
结果都与 DNA 甲基化的趋势相似，表明 *DRM*、*CMT* 和 *MET* 基因的表达量与 DNA
甲基化水平相一致。从再生芽到生根期，*BpDRM* 和 *BpCMT* 基因的表达量升高，
而 *BpMET* 基因的表达量在不同发育阶段均是最低的。MSAP 结果显示，外部 C
位点的半甲基化水平由 8.31% 降至 6.87%，而内部甲基化水平从 6.93% 上升至
10.16%。这些结果表明，*BpMET* 基因与外部 C 位点的半甲基化密切相关，而
BpDRM 和 *BpCMT* 基因可能与内部甲基化有关。

6.4.2 白桦组织培养中 DNA 甲基化的变化

DNA 甲基化是基因组 DNA 的重要表观遗传修饰，在植物基因组中广泛存在，
在调控植物生长发育中发挥重要作用（Chan et al.，2005；Guo et al.，2007）。Causevic
等（2006）发现了 DNA 甲基化与细胞壁分化相联系的第一个重要证据。他们揭
示了过氧化物酶的活性和细胞壁结合的酚类化合物如阿魏酸和芥子酸衍生物与甲

基胞嘧啶百分比之间存在一个负相关的关系。Kubis 等（2003）发现，组织培养的油棕榈植物中的甲基化水平低于种子繁殖的油棕榈植物中的甲基化水平，然而它们之间的转座 DNA 元件序列几乎没有差异。这表明，观察到的表型变异可能是由于基因组 DNA 甲基化类型的变化，而不是转座元件的重排。在本研究中，我们发现从腋芽诱导的愈伤组织中 DNA 甲基化水平降低。这表明去分化过程可能伴随着脱甲基化。DNA 甲基化水平在愈伤组织再分化形成植物的过程中升高，表明该过程可能与 DNA 从头甲基化有关（Kaeppler and Phillips，1993；Smýkal et al.，2007）。在植物的再分化过程中，基因的表达是有选择性的，其中一些基因被关闭或开启。因此再生过程中甲基化水平的升高可能是由一些基因表达调控导致的（Valledor et al.，2007）。此外，除了基因调控的需要之外，DNA 甲基化可能会发生在植物的组织培养中。体外培养有时可以被认为是一种非生物胁迫。例如，当培养基的成分发生改变时可能会引起 DNA 甲基化，这些结果表明，体外植物再生包括脱甲基化和从头甲基化。我们观察到 5′-CCGG 的胞嘧啶甲基化水平随愈伤组织老化而升高。这可能是由某些基因的沉默导致的。Smýkal 等（2007）发现，在长期组织培养后，豌豆的 DNA 甲基化水平高于野生植物，表明组织培养过程可能导致 DNA 甲基化程度的增加，在番茄愈伤组织中也观察到类似的结果（Manning et al.，2006）。

6.4.3 微繁殖过程中的生理变化

植物在生长发育过程中会产生 O^{2-}、OH、H_2O_2 等活性氧。植物细胞在长期系统演化过程中已形成一套有效清除活性氧的保护机制（Boonstra and Post，2004；Mittler et al.，2004；Sauer et al.，2001）。其中最重要的活性氧清除酶促系统由 SOD、POD 和 CAT 组成。它们不仅能有效地防止植物细胞中活性氧和膜脂过氧化的积累，使植物保持正常的生长发育，而且还能延缓植物衰老（Edreva，2005；Mittler，2002）。在植物的形态发生中，活性氧（ROS）作为细胞内信使发挥着重要的作用。研究发现，芽再生阶段的木质素、SOD、POD 和 CAT 的含量均高于其他阶段。APX、GR、DHAR 和 MDHAR 是参与抗坏血酸-谷胱甘肽代谢途径中必要的抗氧化酶。该途径广泛存在于植物细胞中，在代谢中起重要作用。我们的研究结果表明，愈伤组织中 APX、GR 和 DHAR 的活性高于其他组织。白桦再生过程中，木质素含量首先下降，然后增加。可溶性糖作为植物中的渗透剂、相容性溶质、碳骨架和能量储备（Riikonen et al.，2013），其含量被认为是衡量植物生长发育的标准。我们研究发现，白桦在不同发育阶段中可溶性糖含量的变化是不同的。老化愈伤组织和根系阶段的可溶性糖含量较低，而 ROS 产量要高于其他微繁殖阶段。不同微繁殖阶段可溶性糖与 ROS 的含量呈负相关，萌芽愈伤组织中可溶性糖的含量最高。研究结果表明，高含量的可溶性糖可以促进芽的分化。防御酶和可溶性糖在不同的微繁殖阶段具有维持氧化还原平衡的功能，ROS 信号通路可以促进分化而 MDA 可能抑制分化。

6.4.4 不同发育阶段的表观遗传参数和生理指标的变化

研究已表明，组织培养过程中伴随着体细胞无性系的变异，而组织培养中诱发的 DNA 甲基化变化在一定程度上是体细胞无性系变异的分子机制之一。近年来最为系统的研究来自 Causevic 等（2006）对甜菜愈伤组织细胞系表观遗传特征和发生的生理生化及分子生物学机制的研究，其获得了第一个植物细胞超高和降低甲基化处理诱导的表型变化与细胞壁分化状态相关的证据，揭示了过氧化物酶的活性及细胞壁结合的酚类化合物如阿魏酸和芥子酸衍生物与甲基胞嘧啶百分比之间存在一个负相关的关系。因此，DNA 甲基化水平的研究对于揭示多年生树木中由非 DNA 序列产生的性状变异具有重要意义。目前木本表观遗传学研究刚刚开始，对于木本植物，尤其是转基因木本植物相关方面报道较少。对于木本微繁殖过程中的甲基化水平和模式的变异机制及对外源基因表达的影响等问题还没有明确系统的答案。现有研究报道表明，DNA 甲基化会影响动物和植物的表型（Causevic et al.，2006；Lambé et al.，1997；Rosato and Grant，2003；Tsuji-Takayama et al.，2004）。在本研究中，我们使用从白桦中获得的数据进行主成分分析，用于表征不同微繁殖过程中生理状态的变化性。主成分分析的主要平面（F1×F2）在不同的微繁殖阶段显著不同。DNA 甲基化与 F1 轴在腋芽、幼年愈伤组织和老化愈伤组织中呈负相关，在其他阶段为正相关。18 个生理指标的数据分析表明，在体外植物的生长发育过程中，细胞氧化还原状态和胞嘧啶甲基化水平之间存在一种动态的相互作用。这种相互作用的理论长期用于体外研究体细胞克隆变异、应激和异常表型或凋亡的植物培养中（Fraga et al.，2002；Kaeppler et al.，2000），但尚未显示在不同的微繁殖阶段，这些都需要进一步的研究。更好地了解和控制体外植物的生长和发育将有利于为白桦建立更完善的微繁殖系统。

6.4.5 愈伤再生不同发育阶段 *BpGT14* 基因启动子及编码区 DNA 甲基化变异

本章研究以愈伤再生各阶段白桦组织为材料，检测白桦 *BpGT14* 基因的表达量变化，以及该基因启动子和 DNA 区的甲基化水平及位点变化。采用亚硫酸盐处理测序的方法既可以计算各阶段相关序列的甲基化水平，又可以找到甲基化位点的动态变化。普遍认为，启动子的甲基化水平的升高会影响基因的表达，本研究结果同样显示，在白桦组织脱分化阶段，*BpGT14* 启动子及编码区的甲基化水平显著降低，*BpGT14* 基因的表达量达到最高，这也与大部分生物中的研究结果相同；从再生阶段甲基化程度分析来看，在愈伤组织生芽阶段，可能由于甲基化模式的重建，甲基化水平迅速恢复，而且在同一植株的根茎叶中，*BpGT14* 的相关序列的甲基化水平也各不相同，结合荧光定量 PCR 检测 *BpGT14* 表达量的变化趋势来看，该基因在根中的表达量要高于茎和叶。但需要注意的是，*BpGT14* 内含子的甲基化变化却与启动子及编码区成相反趋势。为了弄清甲基化位点的特殊性，利用 plantCARE 分析了甲基化动态变化位点的瞬时作用元件，启动子序列中研究的 7 个 C 甲基化动态变化位点中，有 3 个位于元件之中，分别为 CAAT 框、py-rich 区和 sp1，其中的转录增强子元件都在再生芽中发生了甲基化，而光响应元件在 sp1 中发生甲基化，这也预示着，在再生芽中由于启动子甲基化水平的增加，特别是增强子顺式作用元件的甲基化，*BpGT14* 表达量降低；出芽阶段 sp1 的甲基化可能与再生出芽时的光诱导相关。内含子的瞬时作用元件对基因的表达也有重要作用，本研究中，内含子的甲基化水平变化趋势与启动子完全相反，结合顺式作用元件分析可以看出，内含子中 7 个甲基化动态变化位点中有 4 个位于瞬时作用元件中，分别为 CAAT 框、G 框、CGTCA-motif 和 skn-1。其中 CAAT 增强子元件同样在再生芽阶段发生了甲基化，说明内含子中增强子元件的甲基化对基因的表达也有影响，CGTCA-motif 在初期愈伤组织、再生芽和再生植株中也发生了甲基化，可能与再生阶段茉莉酸甲酯（MeJA）激素信号转导相关。而 G 框的甲基化时期发生在再生植株的叶中，说明内含子及启动子中相同类型的瞬时作用元件可能在植物的不同发育阶段或是不同部位发生着甲基化和去甲基化的变化。

6.5　本章小结

本章研究以白桦愈伤再生途径各阶段组织为材料，利用亚硫酸盐处理测序法检测了 *BpGT14* 启动子和 DNA 区的甲基化水平及甲基化位点的动态变化，并结合顺式元件分析确定参与白桦愈伤再生的顺式元件 C 甲基化动态变化；利用实时荧光定量 PCR 检测各阶段 *BpGT14* 的表达量，结果如下。

（1）在白桦愈伤再生各阶段中，幼嫩愈伤组织中 *BpGT14* 表达量最高，愈伤组织出芽阶段，*BpGT14* 表达量显著降低；再生植株中 *BpGT14* 表达量组织特异性检测显示，根中 *BpGT14* 表达量最高。

（2）白桦愈伤再生过程中，*BpGT14* 启动子和编码区 DNA 甲基化水平均在幼嫩愈伤组织中达到最低，在愈伤组织出芽阶段甲基化水平显著最高。内含子甲基化水平变化趋势与内含子和编码区完全相反，内含子甲基化在幼嫩愈伤组织中达到最高，在愈伤出芽组织中未检测到甲基化位点，其余各阶段甲基化维持在 4.65%～6.98%。说明 *BpGT14* 的启动子和编码区的甲基化对基因表达起抑制作用，内含子对基因的表达起负调控作用。

（3）启动子及内含子顺式元件分析显示，在愈伤出芽或是再生芽阶段甲基化水平升高时，启动子序列中增强子元件 CAAT 框、py-rich motif 均被甲基化，说明增强子的甲基化对抑制基因的表达有重要作用；同时启动子中 sp1 和内含子中 G 框作为光响应元件，分别在出芽阶段和再生植株中也发生甲基化，另外 CGTCA motif 激素响应元件、Skn-1 胚乳发育调节基序的甲基化动态变化，均说明外界环境光和内源激素可以通过影响相关基序 C 的甲基化变化参与白桦愈伤再生过程。

7 展　望

过去几十年的研究使人们对细胞壁的认识逐渐提高，但对于细胞壁复杂的形成调控网络来说还远远不够。细胞壁的合成主要由糖基转移酶来完成，生物界的糖基转移酶现有 103 个家族（CAZy 数据库），其中清楚揭示功能的酶还很少。随着人口的增多，以及能源和环境危机的加重，木材作为最古老的可再生能源和纺织、造纸及其他产品的原材料更加受到人们的重视。白桦作为重要的经济和生态林木，具有诸多优点，同时随着白桦全基因组测序的完成，与次生细胞壁合成相关的糖基转移酶基因家族的成员会迅速得到分离和鉴定。

由于植物 GT14 没有动物 GT14 酶产生的糖复合物而且与动物同源 GT14 亲缘关系较远，因此植物 GT14 作为糖基转移酶家族一员，对其研究还比较少。模式植物拟南芥 GT14 家族的部分蛋白质的功能已得到初步鉴定，AtGlcAT14A 蛋白具有 β 型葡萄糖醛酸转移酶活性，在 Ⅱ 型 AG 蛋白多糖中 β-1,3-和 β-1,6-型的低聚半乳糖（Gal）主链上添加 3～11 个不等的聚合葡萄糖醛酸（GlcA）侧链，AtGlcAT14A 突变体中，Ⅱ 型 AG 的 GlcA 含量降低，但是发现 Gal 含量增多，表现为种子下胚轴伸长和根长增加，具体的生物学功能还未深入研究。在木本植物中，对这些 GT14 的功能研究未见报道，还需要更多的相关研究来阐明其生理功能和作用机制。本研究以白桦为材料，发现 *BpGT14* 在细胞壁多糖的合成中发挥作用，其转录受到干扰后细胞壁中半纤维素和果胶的合成受到影响，初步说明 *BpGT14* 在白桦细胞壁的发育中发挥重要作用，但具体的酶修饰底物和催化活性还需进一步研究，可以通过体外实验，利用生物化学的方法解决，结合糖生物学证据和细胞壁单糖含量的变化［高效液相色谱法（HPLC）］来验证植物体内 BpGT14 酶活性。

生物学功能研究中，拟南芥及本研究中白桦 GT14 蛋白含量的降低都会导致细胞的长度增加或是体积增大。但有推测指出，因为突变体中 GlcA 或是 Gal 含量变化较小，下胚轴细胞的伸长与 AG 多糖的含量变化无明显的关系。细胞壁的可延展性来自于细胞壁各种聚合物之间的相互作用，与果胶共价连接的阿拉伯半乳聚糖蛋白（AGP）和阿拉伯木聚糖已被描述，但对于它们的沉积机制或是互作网络还不清楚，认为细胞壁伸长可能是细胞壁结构整体变化的结果或是由于其他聚合物的结构变化。因此对 GT14 蛋白的互作蛋白的筛选尤为重要，进一步实验可以从蛋白质水平来搜寻挖掘 *BpGT14* 上下游基因，从而丰富细胞壁合成或是调控机制的网络结构，为进一步了解基因功能奠定基础。

参 考 文 献

柴晓杰, 王丕武, 关淑艳, 等. 2006. 玉米淀粉分支酶基因反义表达载体的构建和功能分析. 作物学报, 31(12): 1654-1656.

陈贵华, 张少英. 2012. 外源 SA 对甜菜幼苗细胞壁 HRGP 和木质素含量的影响. 作物杂志, (2): 36-38.

陈洁君, 王劲, 宛煜嵩, 等. 2007. 转基因作物安全性评价与商品化前景分析. 中国农业科技导报, 9(3): 38-43.

陈容, 张丽, 曹颖, 等. 2014. 低温胁迫下梁山慈竹再生植株叶绿素荧光特性和耐寒转录因子的表达. 南京林业大学学报(自然科学版), 38(4): 39-44.

陈小强, 王春国. 2007. 植物 DNA 甲基化及其表观遗传作用. 细胞生物学杂志, 29: 519-524.

崔艳霞. 1994. 白桦树皮化学成分的研究. 东北林业大学学报, 22(4): 56-60.

郭长花, 康向阳. 2008. 树木发育中的阶段转变研究进展. 生物技术通讯, 19(5): 784-786.

郭晋艳, 郑晓瑜, 邹翠霞, 等. 2011. 植物非生物胁迫诱导启动子顺式元件及转录因子研究进展. 生物技术通报, 4: 16-30.

何武江, 王淑坤, 王艳霞. 2004. 几种珍贵森林树种的栽培技术及其园林应用. 中国林副产, 71(4): 48-50.

侯雷平, 李梅兰. 2001. DNA 甲基化与植物的生长发育. 植物生理学通讯, 37(6): 584-588.

胡廷章, 罗凯, 甘丽萍, 等. 2007. 植物基因启动子的类型及其应用. 湖北农业科学, 46(1): 149-151.

黄婷, 徐刚标. 2012. 毛果杨 WND1B 基因启动子的克隆与缺失初步分析. 中南林业科技大学学报, 32(4): 164-169.

姜廷波, 李绍臣, 高福铃, 等. 2007. 白桦 RAPD 遗传连锁图谱的构建. 遗传, 29(7): 867-873.

李合生. 2006. 植物生理生化实验原理和技术. 北京: 高等教育出版社.

李洁. 2004. 植物转录因子与基因调控. 生物学通报, 39(3): 9-11.

李蕾蕾, 孙丰坤, 董恒, 等. 2016. 白桦 BpGT14 基因表达模式及对非生物胁迫诱导的响应. 南京林业大学学报(自然科学版), 40(2): 41-47.

李丽琴, 付春华, 赵春芳. 2009. 红豆杉脱分化过程中的遗传和表观遗传变异. 植物生理学通讯, 45(6): 544-548.

李燕. 2012. 紫花苜蓿诱导表达启动子 MsZPP 的克隆及功能分析. 中国农业科学院博士学位论文.

刘良式. 1998. 植物分子遗传学. 北京: 科学出版社.

刘强, 张贵友. 2000. 植物转录因子的结构与调控作用. 科学通报, 45(14): 1465-1474.

刘清泉, 陈亚华, 沈振国, 等. 2014. 细胞壁在植物重金属耐性中的作用. 植物生理学报, 50(5): 605-611.

刘志钦. 2010. CaWRKY5 启动子分离及其在烟草瞬间表达系统中分析. 福建农林大学硕士学位论文.

吕品, 柴晓杰, 王丕武, 等. 2007. 大豆胰蛋白酶抑制剂 *KSTI3* 基因的克隆及其植物表达载体的构建. 吉林农业大学学报, 29(3): 275-278.

罗成科, 肖国举, 李明. 2015. 不同未知功能结构域蛋白家族(DUFs)基因在植物中的生物学功能. 植物生理学报, 51(2): 153-158.

罗光宇, 叶玲飞, 陈信波. 2013. 拟南芥 B3 转录因子基因超家族. 生命的化学, 3: 287-293.

罗赛男, 杨国顺, 石雪晖, 等. 2005. 转录因子在植物抗逆性上的应用研究. 湖南农业大学学报: 自然科学版, 31(2): 219-223.

马建, 魏益凡, 厉志, 等. 2009. 植物 RNA 干扰表达载体构建方法的研究. 安徽农业科学, (18): 8364-8366.

马腾, 刘学政, 刘丽波, 等. 2007. 人血管生成素 1 的克隆, 序列分析和单酶切法构建毕氏酵母表达载体. 中国组织工程研究与临床康复, 11(6): 1041-1044.

孟海军. 2006. 柑橘胚胎发生过程中 DNA 甲基化/去甲基化研究及 SSR 标记开发. 华中农业大学博士学位论文: 16-25.

穆红梅, 杜秀菊, 张秀省, 等. 2015. 植物 MYB 转录因子调控苯丙烷类生物合成研究. 北方园艺, 24: 48.

聂丽娟, 王子成, 何艳霞. 2008. 菊花组织培养继代过程中的 DNA 甲基化变化. 园艺学报, 35(11): 1689-1694.

裴惠娟, 张满效, 安黎哲. 2011. 非生物胁迫下植物细胞壁组分变化. 生态学杂志, 30(6): 1279-1286.

覃拥灵. 2003. 植物组织培养技术及其应用. 河池学院学报, 4(7): 23-27.

粟挺, 刘爱玲, 陈信波. 2011. RNA 干扰载体构建方法的研究进展. 湖南农业科学, (10): 1-4.

孙彩霞, 陈振华, 缪璐, 等. 2007. 转基因抗虫棉花木质素含量及其生物合成关键酶活性研究. 东北大学学报(自然科学版), 28(6): 867-870.

孙刚, 王雪萍. 2000. 红桦白桦二种野生植物籽油的脂肪酸成分的研究. 青海农林科技, 3: 7-8.

陶静, 詹亚光. 1998. 白桦组培再生系统的研究. 东北林业大学学报, 26(5): 6-9.

田云, 卢向阳, 彭丽莎, 等. 2006. 植物 WRKY 转录因子结构特点及其生物学功能. 遗传, 28(12): 1607-1612.

王浩然, 邵志龙, 朱燕宇, 等. 2015. '南林 895' 杨 *PdNAC1* 基因克隆及蛋白的亚细胞定位. 南京林业大学学报(自然科学版), 39(3): 50-54.

王会勇. 2013. 生长素及苯丙烷代谢相关糖基转移酶基因克隆与酶活性鉴定. 山东大学硕士学位论文.

王镜岩, 朱圣庚, 徐长法. 2002. 生物化学. 北京: 高等教育出版社: 229.

王军, 侯丙凯. 2008. 植物小分子化合物的糖基化与糖基转移酶. 植物生理学通讯, 44(5): 997-1003.

王镭, 才华, 柏锡, 等. 2008. 转 *OsCDPK7* 基因水稻的培育与耐盐性分析. 遗传, 30(8): 1051-1055.

王璇. 2015. 水曲柳节律基因 *LHY* 启动子克隆及功能研究. 东北林业大学硕士学位论文.

王艳文. 2012. 杨树糖基转移酶与木质素合成关系的转基因研究. 山东大学硕士学位论文.

王莹, 韩烈保, 曾会明. 2007. 高等植物启动子克隆方法的研究进展. 生物技术通报, (3): 97-100.

邢珍娟, 王振营, 何康来, 等. 2008. 转 *Bt* 基因玉米幼苗残体中 Cry1Ab 杀虫蛋白田间降解动态. 中国农业科学, 41(2): 412-416.

徐威, 朱春宝, 朱宝泉, 等. 2003. 利用电转化和三亲杂交方法高效转化根癌农杆菌. 沈阳医科大学学报, 20 (3): 451-454.

杨德浩, 杨敏生, 王进茂. 2003. 白桦种源及繁殖的研究现状. 河北农业大学学报, 26(z1): 101-104.

杨冬, 姜颖, 贺福初. 2007. KAP-1: 转录调控中的一个桥梁分子. 遗传, 29(2): 131-136.

杨少辉, 王洁华, 宋英今, 等. 2013. 杨树中与次生细胞壁生物合成相关的糖基转移酶研究进展. 生物学杂志, 30(3): 68-71.

尹静, 任春林, 詹亚光, 等. 2010. 可用于实时荧光定量 PCR 标准化的白桦内参基因. 植物生理学通讯, (10): 1061-1066.

曾凡锁, 南楠, 詹亚光. 2007. 富含多糖和次生代谢产物的白桦成熟叶中总 RNA 的提取. 植物生理学通讯, 43(5): 913-916.

曾凡锁, 钱晶晶, 康君, 等. 2009. 转基因白桦中 GUS 基因表达的定量分析. 植物学报, (4): 484-490.

詹亚光, 王玉成, 王志英, 等. 2003. 白桦的遗传转化及转基因植株的抗虫性. 植物生理与分子生物学学报, 29(5): 380-386.

詹亚光, 曾凡锁. 2005. 富含多糖的白桦成熟叶片 DNA 的提取方法. 东北林业大学学报, 33(3): 24-25.

张莉, 苏曼琳. 2012. 植物抗旱基因 HDCS1 的克隆和表达载体的构建. 中南林业科技大学学报, 32(6): 115-117.

张文峰. 2006. CK2 激酶磷酸化 AP-2α 并抑制 AP-2α 的转录活性. 湖南师范大学硕士学位论文.

郑佳. 2012. 杨树维管形成层发的基因表达调控. 南京林业大学博士学位论文.

郑万均. 1983. 中国树木志. 北京: 中国林业出版社: 1-5.

周文灵, 陈刚, 王瑛华, 等. 2009. 植物糖基转移酶及其在代谢工程中的应用. 生物技术, 19(6): 95-97.

周颖, 李冰樱, 李学宝. 2012. 14-3-3 蛋白对植物发育的调控作用. 植物学报, 47(1): 55-64.

Aderkas P V, Bonga J M. 2000. Influencing micropropagation and somatic embryogenesis in mature trees by manipulation of phase change, stress and culture environment. Tree Physiol, 20(14): 921-928.

Ahloowalia B S, Sherington J. 1989. Transmission of somadonal variation in wheat. Euphitca, 34(2): 525-537.

Andres H, Fernandez B, Rodriguez R, et al. 2002. Phytohormone contents in *Corylus avellana* and their relationship to age and other develomental processes. Plant Cell Tiss Organ Cult, 70(2): 173-180.

Aufsatz W, Mette M F, Matzke A J, et al. 2004. The role of MET1 in RNA-directed *de novo* and maintenance methylation of CG dinucleotides. Plant Mol Biol, 54(6): 793-804.

Bajoghli B, Aghaallaei N, Heimbucher T, et al. 2004. An artificial promoter construct for heat-inducible misexpression during fish embryogenesis. Developmental biology, 271(2): 416-430.

Bartee L, Malagnac F, Bender J. 2001. *Arabidopsis cmt3* chromomethylase mutations block non-CG methylation and silencing of an endogenous gene. Gene Dev, 15: 1753-1758.

Bastola D R, Pethe V V, Winicov I. 1998. Alfin1, a novel zinc-finger protein in alfalfa roots that binds to promoter elements in the salt-inducible *MsPRP2* gene. Plant molecular biology, 38(6): 1123-1135.

Baurens F C, Nicolleau J, Legavre T, et al. 2004. Genomic DNA methylation of juvenile and mature *Acacia mangium* micropropagated *in vitro* with reference to leaf morphology as a phase change marker. Tree Physiol, 24(4): 401-407.

Bender J. 2004. DNA methylation and epigenetics. Annu Rev Plant Biol, 55(1): 41-68.

Benfey P N, Chua N. 1990. The cauliflower mosaic virus sss promoter: combinatorial regulation of transcription in plants. Science, 247: 930.

Bird A. 2002. DNA methylation patterns and epigenetic memory. Genes & Dev, 16: 6-21.

Boonstra J, Post J A. 2004. Molecular events associated with reactive oxygen species and cell cycle progression in mammalian cells. Gene, 337: 1-13.

Breton C, Šnajdrová L, Jeanneau C, et al. 2006. Structures and mechanisms of glycosyltransferases. Glycobiology, 16(2): 29R-37R.

Brown P T H. 1989. DNA methylation in plants and its role in tissue culture. Genome, 31(2): 717-729.

Burn J E, Bagnall D J, Metzger J D, et al. 1993. DNA methylation, vernalization, and the initiation of flowering. Proc Natl Acad Sci USA, 90(1): 287-291.

Cao P J, Bartley L E, Jung K H, et al. 2008. Construction of a rice glycosyltransferase phylogenomic database and identification of rice-diverged glycosyltransferases. Molecular Plant, 1(5): 858-877.

Cao X, Jacobsen S E. 2002. Role of the *Arabidopsis* DRM methyltransferases in *de novo* DNA methylation and gene silencing. Curr Biol, 12(13): 1138-1144.

Cao X, Springer N M, Muszynski M G, et al. 2000. Conserved plant genes with similarity to mammalian *de novo* DNA methyltransferases. Proc Natl Acad Sci USA, 97(9): 4979-4984.

Causevic A, Gentil M V, Delaunay A, et al. 2006. Relationship between DNA methylation and histone acetylation levels, cell redox and cell differentiation states in sugarbeet lines. Planta, 224(4): 812-827.

Chan S W, Zilberman D, Xie Z, et al. 2004. RNA silencing genes control *de novo* DNA methylation. Science, 303(5662): 1336.

Chen G H, Zhang S Y. 2012. Effects of exogenous SA on sugar beet seedlings cell walls in content of HRGP and lignin. Journal of Crops, (2): 36-38.

Chen R, Zhang L, Cao Y, et al. 2014. Chlorophyll fluorescence parameters and expression of cold-related transcription factors in regenerated plants of *Dendrocalamus farinosus* under cold stress. Journal of Nanjing Forestry University (Natural Science Edition), 38(4): 39-44.

Chen S, Songkumarn P, Liu J, et al. 2009. A versatile zero background T-vector system for gene cloning and functional genomics. Plant physiology, 150(3): 1111-1121.

Clemens J, Henriod R E, Bailey D G, et al. 1999. Vegetative phase change in metrosideros: shoot and root restriction. Plant Gro Regul, 28(3): 207-214.

Cokus S J, Feng S, Zhang X, et al. 2008. Shotgun bisulphite sequencing of the *Arabidopsis* genome reveals DNA methylation patterning. Nature, 452(7184): 215-219.

Coutinho P M, Deleury E, Davies G J, et al. 2003. An evolving hierarchical family classification for glycosyltransferases. Journal of molecular biology, 328(2): 307-317.

Crocker P R, Paulson J C, Varki A. 2007. Siglecs and their roles in the immune system. Nature Reviews Immunology, 7(4): 255-266.

Deplancke B, Dupuy D, Vidal M, et al. 2004. A gateway-compatible yeast one-hybrid system. Genome research, 14(10b): 2093-2101.

Devaux P, Kilian A, Kleinhofs A. 1993. Anther culture and hordeum bulbosum-derived barley double haploids: mutations and methylation. Mole & Gener Genet MGG, 241(5-6): 674-679.

Doblin M S, Pettolino F, Bacic A. 2010. Evans Review: Plant cell walls: the skeleton of the plant world. Functional Plant Biology, 37(5): 357-381.

Edreva A. 2005. Generation and scavenging of reactive oxygen species in chloroplasts: a submolecular approach. Agric Ecosyst Environ, 106: 119-133.

Finnegan E J, Dennis E S. 1993. Isolation and identification by sequence homology of a putative cytosine methyltransferase from *Arabidopsis thaliana*. Nucleic Acids Res, 21(10): 2383-2388.

Finnegan E J, Kovac K A. 2000. Plant DNA methytransferases. Plant Mol Biol, 43(2-3): 189-201.

Finnegan E J, Peacock W J, Dennis E S. 1996. Reduced DNA methylation in *Arabidopsis thaliana* results in abnormal plant development. Proc Natl Acad Sci USA, 93(16): 8449-8454.

Fire A, Xu S Q, Montgomery M K, et al. 1998. Potent and specific genetic interference by double-stranded RNA in *Caenorhabditis elegans*. Nature, 391(6669): 806-811.

Force A, Lynch M, Pickett F B, et al. 1999. Preservation of duplicate genes by complementary, degenerative mutations. Genetics, 151: 1531-1545.

Ford Y Y, Taylor J M, Blake P S, et al. 2002. Gibberellin A3 stimulates adventitious rooting of cuttings from cherry (*Prunus acium*). Plant Growth Regul, 37(2): 127-133.

Fraga M F, Rodriguez R, Canal M J. 2002. *In vitro* morphogenic potential of differently aged Pinus radiate trees correlates with polyamines and DNA methylation levels. Plant Cell Tiss Org Cult, 70(2): 139-145.

Fraissinet-Tachet L, Baltz R, Chong J, et al. 1998. Two tobacco genes induced by infection, elicitor and salicylic acid encode glucosyltransferases acting on phenylpropanoids and benzoic acid derivatives, including salicylic acid. FEBS letters, 437(3): 319-323.

Fu Y, Hsia A P, Guo L, et al. 2004. Types and frequencies of sequencing errors in methyl-filtered and high cot maize genome survey sequences. Plant Physiol, 135(4): 2040-2045.

Fujimoto R, Sasaki T, Nishio T. 2006. Characterization of DNA methyltransferase genes in *Brassica rapa*. Genes Genet Syst, 81(4): 235-242.

Gatz C. 1996. Chemically inducible promoters in transgenic plants. Current Opinion in Biotechnology, 7(2): 168-172.

Giannino D, Mele G, Cozza R, et al. 2003. Isolation and characterization of a maintenance DNA-methyltransferase gene from peach [*Prunus persica* (L.) Batsch]: transcript localization in vege-tative and reproductive meristems of triple buds. J Exp Bot, 54(393): 2623-2633.

Gray J, Caparrós-Ruiz D, Grotewold E. 2012. Grass phenylpropanoids: regulate before using! Plant science, 184: 112-120.

Gruenbaum Y, Naveh M T, Cedar H, et al. 1981. Sequence specificity of methylation in higher Plant DNA. Nature, 292(5826): 860-862.

Gunsalus K C, Piano F. 2005. RNAi as a tool to study cell biology: building the genome-phenome bridge. Current opinion in cell biology, 17(1): 3-8.

Guo W L, Wu R, Zhang Y F, et al. 2007. Tissue culture-induced locus-specific alteration in DNA methylation and its correlation with genetic variation in *Codonopsis lanceolata* Benth. et Hook.f. Plant Cell reports, 26(8): 1297-1307.

Hao Y J, Deng X X. 2002. Stress treatments and DNA methylation affected the somatic embryogenesis of citrus callus. Acta Botan Sini, 44(6): 673-677.

Harding K. 1994. The methylation status of DNA derived from potato plants recovered from slow growth. Plant Cell Tiss Org Cult, 37(1): 31-38.

Hasbun R, Valledor L, Berdasco M, et al. 2005. *In vitro* proliferation and genome DNA methylation in adult chestuts. Act Hort, 693: 333-339.

Heinz D J, Mee G W P. 1969. Plant differentiation from callus tissue of *Saccharum* species. Crop Sci, 9: 346-348.

Henikoff S, Comai L. 1998. A DNA methyltransferase homolog with a chromodomain exists in multiple polymorphic forms in *Arabidopsis*. Genetivs, 149(1): 307-318.

Henrissat B, Davies G J. 2000. Glycoside hydrolases and glycosyltransferases. Families, modules, and implications for genomics. Plant Physiology, 124(4): 1515-1519.

Himmel M E, Ding S Y, Johnson D K, et al. 2007. Biomass recalcitrance: engineering plants and enzymes for biofuels production. Science, 315(5813): 804-807.

Hovav R, Udall J A, Chaudhary B, et al. 2008. Partitioned expression of duplicated genes during development and evolution of a single cell in a polyploid plant. Proc Natl Acad Sci USA, 105(2008): 6191-6195.

Hunter S, Apweiler R, Attwood T K, et al. 2009. InterPro: the integrative protein signature database. Nucleic Acids Res, 37: D211-D215.

Ishfaq A H, Li A L, Zhang S L. 2000. DNA-methylation variation at some loxi in transition from juvenile to mature phase of crab apple. J Agric Res, 38(1): 43-52.

Jackson R G, Kowalczyk M, Li Y, et al. 2002. Over-expression of an *Arabidopsis* gene encoding a glucosyltransferase of indole-3-acetic acid: phenotypic characterisation of transgenic lines. The Plant Journal, 32(4): 573-583.

Jain S M. 2001. Tissue culture-derived variation in crop improvement. Euphytica, 118(2): 153-166.

Jaligot E, Rival A, Beule B, et al. 2000. Somaclonal variation in oil palm (*Elaeis guineensis* Jacq.): the DNA methylation hypothesis. Plant Cell Rep, 19(7): 684-690.

Jeddeloh J A, Stokes T L, Richards E J. 1999. Maintenance of genomic methylation requires a SWI2/SNF2-like protein. Nat Genet, 22: 94-97.

Jiang T B, Li S C, Gao F L, et al. 2007. The construction of birch RAPD genetic linkage map. Genetics, 29(7): 867-873.

Jones P, Messner B, Nakajima J I, et al. 2003. UGT73C6 and UGT78D1, glycosyltransferases involved in flavonol glycoside biosynthesis in *Arabidopsis thaliana*. Journal of Biological Chemistry, 278(45): 43910-43918.

Jullien P E, Kinoshita T, Ohad N, et al. 2006. Maintenance of DNA methylation during the *Arabidopsis* life cycle is essential for parental imprinting. Plant Cell, 18(6): 1360-1372.

Kaeppler S M, Phillips R L. 1993. Tissue culture-induced DNA methylation variation in maize. Proc Natl Acad Sci USA, 90(19): 8773-8776.

Kakel M W, Ramsey D E, Stokes T L, et al. 2003. *Arabidopsis* MET1 cytosine methyltransferase mutants. Genetics, 163(3): 1109-1122.

Kalluri U C, DiFazio S P, Brunner A M, et al. 2007. Genome-wide analysis of Aux/IAA and ARF gene families in *Populus trichocarpa*. BMC plant biology, 7(1): 59.

Kayum M A, Park J I, Ahmed N U, et al. 2015. Characterization and stress-induced expression analysis of Alfin-like transcription factors in *Brassica rapa*. Molecular Genetics and Genomics, 290(4): 1299-1311.

Kerepesi I, Galiba G. 2000. Osmotic and salt stress-induced alteration in soluble carbohydrate content in wheat seedlings. Crop Science, 40(2): 482-487.

Khatkar D, Kuhad M S. 2000. Short-term salinity induced changes in two wheat cultivars at different growth stages. Biologia Plantarum, 43(4): 629-632.

Kim I A, Heo J O, Chang K S, et al. 2010. Overexpression and inactivation of UGT73B2 modulate tolerance to oxidative stress in *Arabidopsis*. Journal of Plant Biology, 53(3): 233-239.

Kim S S, Chen Y M, O'Leary E, et al. 1996. A novel member of the RING finger family, KRIP-1, associates with the KRAB-A transcriptional repressor domain of zinc finger proteins. Proceedings of the National Academy of Sciences, 93(26): 15299-15304.

King G J. 1995. Morphological development in brassica oleraceais modulated by *in vivo* treatment with 5-azacytidine. J Horticul Sci, 70(2): 333-342.

Klimaszewska K, Noceda C, Pelletier G, et al. 2009. Walter. Biological characterization of young and aged embryogenic cultures of *Pinus pinaster* (Ait.). In Vitro Cell & Dev Biol-Plant, 45(1): 20-33.

Klose R J, Bird A P. 2006. Genomic DNA methylation: the mark and its mediators. Trends Bioche Sci, 31(2): 89-97.

Kong Z, Li M, Yang W, et al. 2006. A novel nuclear-localized CCCH-type zinc finger protein, OsDOS, is involved in delaying leaf senescence in rice. Plant physiology, 141(4): 1376-1388.

Kubis S E, Castilho A M, Vershinin A V, et al. 2003. Retroelements, transposons and methylation status in the genome of oil palm (*Elaeis guineensis*) and the relationship to somaclonal variation. Plant Mole Biol, 52(1): 69-79.

Kuo M H, Allis C D. 1999. *In vivo* cross-linking and immunoprecipitation for studying dynamic protein: DNA associations in a chromatin environment. Methods, 19(3): 425-433.

Kusaba M. 2004. RNA interference in crop plants. Current Opinion in Biotechnology, 15(2): 139-143.

Lairson L L, Henrissat B, Davies G J, et al. 2008. Glycosyltransferases: structures, functions, and mechanisms. Biochemistry, 77(1): 521.

Lambé P, Mutambel H S N, Fouché J G, et al. 1997. DNA methylation as a key process in regulation of organogenic totipotency and plant neoplastic progression? In Vitro Cell Dev Biol Plant, 33: 155-162.

Lao J, Oikawa A, Bromley J R, et al. 2014. The plant glycosyltransferase clone collection for functional genomics. The Plant Journal, 79(3): 517-529.

Lee C, Teng Q, Huang W, et al. 2010. The *Arabidopsis* family GT43 glycosyltransferases form two functionally nonredundant groups essential for the elongation of glucuronoxylan backbone. Plant Physiology, 153(2): 526-541.

Li X Q, Xu M L, Korban S S. 2002. DNA methylation profiles differ between field-and *in vitro* grown leaves of apple. J Plant Physiol, 159(11): 1229-1234.

Lim E K, Bowles D J. 2004. A class of plant glycosyltransferases involved in cellular homeostasis. The EMBO Journal, 23(15): 2915-2922.

Liu Q Q, Chen Y H, Shen Z G, et al. 2014. The role of cell wall in heavy metal tolerance of plant. Plant Physiology Report, 50(5): 605-611.

Liu X, Wang Q, Chen P, et al. 2012. Four novel cellulose synthase (CESA) genes from Birch (*Betula platyphylla* Suk.) involved in primary and secondary cell wall biosynthesis. International journal of molecular sciences, 13(10): 12195-12212.

Liu Z L, Wang Y M, Shen Y, et al. 2004. Extensive alterations in DNA methylation and transcription in rice caused by introgression from *Zizania latifolia*. Plant Mol Biol, 54(4): 571-582.

Lois R, Dietrich A, Hahlbrock K, et al. 1989. A phenylalanine ammonia-lyase gene from parsley: structure, regulation and identification of elicitor and light responsive cis-acting elements. The EMBO Journal, 8(6): 1641.

Luis V, Rodrigo H, Monica M, et al. 2007. Involvement of DNA methylation in tree development and micropropagation. Plant Cell Tiss Organ Cult, 91(2): 75-86.

Manning K, Tor M, Poole M, et al. 2006. A naturally occurring epigenetic mutation in a gene encoding an SBP-box transcription factor inhibits tomato fruit ripening. Natu Genet, 38(8): 948-952.

Matthes M, Singh R, Cheah S C, et al. 2001. Variation in oil palm (*Elaeis guineensis* Jacq.) tissue culture-derived regenerants revealed by AFLPs with methylation-sensitive enzymes. Theor Appl Genet, 102(6-7): 971-979.

Matzke M, Kanno T, Huettel B, et al. 2007. Targets of RNA-directed DNA methylation. Curr Opin Plant Biol, 10(5): 1-8.

Mayer D C G, Jiang L, Achur R N, et al. 2006. The glycophorin C N-linked glycan is a critical component of the ligand for the *Plasmodium falciparum* erythrocyte receptor BAEBL. Proceedings of the National Academy of Sciences of the United States of America, 103(7): 2358-2362.

Menke F L H, Kang H G, Chen Z, et al. 2005. Tobacco transcription factor WRKY1 is phosphorylated by the MAP kinase SIPK and mediates HR-like cell death in tobacco. Molecular plant-microbe interactions, 18(10): 1027-1034.

Miki D, Itoh R, Shimamoto K. 2005. RNA silencing of single and multiple members in a gene family of rice. Plant Physiology, 138(4): 1903-1913.

Miroslav B. 2009. DNA-methylation changes in grapevine somaclones following *in vitro* culture and thermotherapy. Plant Cell Tiss Organ Cult, 101(1): 11-22.

Mittler R, Vanderauwera S, Gollery M, et al. 2004. Reactive oxygen gene network of plants. Trends Plant Sci, 9: 490-498.

Mittler R. 2002. Oxidative stress, antioxidants and stress tolerance. Trends Plant Sci, 7: 405-410.

Monteuuis O. 1984. La multiplication vegetative du sequoia geant envue du clonage. Annales AFOCEL: 139-171.

Monteuuis O. 1989a. Analyses microscopiques de points vegetatifs de *Sequoiadendron giganteum* jeunes et ages durant le reposvegetatif et lors du debourrement. Bull Soc Bot Fr 136, Lettres Bot, (4-5): 317-326.

Monteuuis O. 1989b. Maturation concept and possible rejuvenation of arborescent species. Limits and promises of shoot apical meristems to ensure successful cloning. *In*: Proc. of the IUFO Conf. On Breeding tropical trees: population structure and genetic improvement strategies in clonal and seedling forestry. Pattaya, Thailand.

Monteuuis O, Genestier S. 1989. Analyse cytophotometrique comparee des parois du mesophylle de feuilles de *Sequoiadendron giganteum* jeunes et ages. Bull Soc Bot Fr 136, Lettres Bot, 2: 103-107.

Monteuuis O, Doulbeau S, Verdeil J L. 2008. DNA methylation in different origin clonal offspring from a mature Sequoiadendron giganteum genotype. Trees, 22(6): 779-784.

Nie L J, Wang Z C. 2007. The molecular mechanism and application of DNA methylation inhibitor in the developmental biology of plants. Journal of Nuclear Agricultural Sciences, 21(4): 362-365.

Nishikubo N, Takahashi J, Roos A A, et al. 2011. Xyloglucan endo-transglycosylase-mediated xyloglucan rearrangements in developing wood of hybrid aspen. Plant physiology, 155(1): 399-413.

Okuwaki M, Verreault A. 2004. Maintenance DNA methylation of nucleosome core particles. J BiolChem, 279: 2904-2912.

Ono A, Izawa T, Chua N H, et al. 1996. The rab16B promoter of rice contains two distinct abscisic acid-responsive elements. Plant physiology, 112(2): 483-491.

Orlando V, Strutt H, Paro R. 1997. Analysis of chromatin structure by *in vivo* formaldehyde cross-linking. Methods, 11(2): 205-214.

Papa C M, Springer N M, Muszynski M G, et al. 2001. Maize chromomethylase *Zea* methyltransferase 2 is required for CpNpG methylation. Plant Cell, 13(8): 1919-1928.

Paux E, Tamasloukht M B, Ladouce N, et al. 2004. Identification of genes preferentially expressed during wood formation in *Eucalyptus*. Plant molecular biology, 55(2): 263-280.

Pei H J, Zhang M X, An L Z. 2011. The change of plant cell walls composition in abiotic stress. Journal of Ecology, 30(6): 1279-1286.

Perez-Romero P, Imperiale M J. 2007. Assaying protein-DNA interactions *in vivo* and *in vitro* using chromatin immunoprecipitation and electrophoretic mobility shift assays. Methods Mol Med, 131(131): 123-139.

Perrimon N, Ni J Q, Perkins L. 2010. *In vivo* RNAi: today and tomorrow. Cold Spring Harbor perspectives in biology, 2(8): a003640.

Perrin R, Wilkerson C, Keegstra K, 2001. Golgi enzymes that synthesize plant cell wall polysaccharides: finding and evaluating candidates in the genomic era. Plant Mol Biol, 47: 115-130.

Prasad M N V. 1995. Cadmium toxicity and tolerance in vascular plants. Environmental and Experimental Botany, 35(4): 525-545.

Reece-Hoyes J S, Walhout A J M. 2012. Gene-centered yeast one-hybrid assays. Two Hybrid Technologies: Methods and Protocols, 812: 189-208.

Rhoades K L, Golub S H, Economou J S. 1992. The regulation of the human tumor necrosis factor alpha promoter region in macrophage, T cell, and B cell lines. Journal of Biological Chemistry, 267(31): 22102-22107.

Richman A, Swanson A, Humphrey T, et al. 2005. Functional genomics uncovers three glucosyltransferases involved in the synthesis of the major sweet glucosides of *Stevia rebaudiana*. The Plant Journal, 41(1): 56-67.

Richmond T. 2000. Higher plant cellulose synthases. Genome Biol, 1(4): 3001.1-3001.6.

Riikonen J, Kontunen-Soppela S, Vapaavuori E, et al. 2013. Carbohydrate concentrations and freezing stress resistance of silver birch buds grown under elevated temperature and ozone. Tree Physiol, 33(3): 311-319.

Rival A, Jaligot E, Beule T, et al. 2008. Isolation and expression analysis of genes encoding MET, CMT, and DRM methyltransferases in oil Palm (*Elaeis guineensis* Jaeq.) in relation to the 'mantled' somaclonal variation. J Exp Bot, 59(12): 3271-3281.

Rosato R R, Grant S. 2003. Histone deacetylase inhibitors in cancer therapy. Cancer Biol Ther, 2: 30-37.

Sablowski R W, Moyano E, Culianez-Macia F A, et al. 1994. A flower-specific Myb protein activates transcription of phenylpropanoid biosynthetic genes. The EMBO Journal, 13(1): 128.

Sado P E, Tessier D, Vasseur M, et al. 2009. Integrating genes and phenotype: a wheat-*Arabidopsis*-rice glycosyltransferase database for candidate gene analyses. Functional & integrative genomics, 9(1): 43-58.

Sano H V, Kamada L. Youssefian S, et al. 1990, A single treatment of rice seedling with 5-azacytidine induces heritable dwarfism and undermethylation of genomic DNA. Molecular Genetics and Genomics, 220(3): 441-447.

Sauer H, Wartenberg M, Hescheler J. 2001. Reactive oxygen species as intracellular messengers during cell growth and differen- tiation. Cell Physiol Biochem, 11: 173-186.

Sen T Z, Jernigan R L, Garnier J, et al. 2005. GOR V server for protein secondary structure prediction. Bioinformatics, (21): 2787-2788.

Singh A, Zubko E, Meyer P. 2008. Cooperative activity of DNA methyltransferases for maintenance of symmetrical and non-symmetrical cytosine methylation in *Arabidopsis thaliana*. Plant J, 56 (5): 814-823.

Singh K B, Foley R C, Oñate-Sánchez L. 2002. Transcription factors in plant defense and stress responses. Current opinion in plant biology, 5(5): 430-436.

Smulders M J M, Kortekaas W R, Vosman B. 1995. Tissue culture-induced DNA methylation polymorphisms in repetitive DNA of tomato calli and regenerated plants. Theo Appl Genet, 91(8): 1257-1264.

Smykal L P. 2007. Assessment of genetic and epigenetic stability in long-term *in vitro* shoot culture of pea (*Pisum sativum* L.). Plant Cell Rep, 26(11): 1985-1998.

Smýkal P, Valledor L, Rodríguez R, et al. 2007. Assessment of genetic and epigenetic stability in long-term *in vitro* shoot culture of pea (*Pisum sativum* L.) . Plant Cell Rep, 26(11): 1985-1998.

Solomon M J, Larsen P L, Varshavsky A. 1988. Mapping protein-DNA interactions *in vivo* with formaldehyde: evidence that histone H4 is retained on a highly transcribed gene. Cell, 53(6):

937-947.

Song Y, Gao J, Yang F, et al. 2013. Molecular evolutionary analysis of the Alfin-like protein family in *Arabidopsis lyrata, Arabidopsis thaliana,* and *Thellungiella halophila.* PLoS ONE, 8(7): e66838.

Tamagnone L, Merida A, Parr A, et al. 1998. The AmMYB308 and AmMYB330 transcription factors from *Antirrhinum* regulate phenylpropanoid and lignin biosynthesis in transgenic tobacco. The Plant Cell, 10(2): 135-154.

Tamura K, Dudley J, Nei M. 2007. MEGA4: Molecular evolutionary genetics analysis (MEGA) software version 4.0. Molecular Biology and Evolution, 24 (24): 1596-1599.

Tan G, Gao Y, Shi M, et al. 2005. SiteFinding-PCR: a simple and efficient PCR method for chromosome walking. Nucleic Acids Research, 33(13): e122-e122.

Tanimoto E. 2005. Regulation of root growth by plant hormones-roles for auxin and gibberllin. Crit Rev Plant Sci, 24(4): 249-265.

Taylor-Teeples M, Lin L, de Lucas M, et al. 2015. An *Arabidopsis* gene regulatory network for secondary cell wall synthesis. Nature, 517(7536): 571-575.

Teerawanjchpan P, Chandrasekharan M B, Jiang Y, et al. 2004. Characterization of two rice DNA methyltransferase genes and RNAi-mediated reactivation of a silenced transgene in rice callus. Planta, 218(3): 337-349.

Teyssier E, Bernacchia G, Maury S, et al. 2008, Tissue dependent variations of DNA methylation and endoreduplication levels during tomato fruit development and ripening. Planta, 228(3): 391-399.

Tiwari S B, Hagen G, Guilfoyle T. 2003. The roles of auxin response factor domains in auxin-responsive transcription. The Plant Cell, 15(2): 533-543.

Tognetti V B, Van Aken O, Morreel K, et al. 2010. Perturbation of indole-3-butyric acid homeostasis by the UDP-glucosyltransferase UGT74E2 modulates *Arabidopsis* architecture and water stress tolerance. The Plant Cell Online, 22(8): 2660-2679.

Tsuji-Takayama K, Inoue T, Ijiri Y, et al. 2004. Demethylating agent, 5-azacytidine, reverses differentiation of embryonic stem cells. Biochem Biophys Res Commun, 323: 86-90.

Valledor L, Hasbún R, Meijón M, et al. 2007. Involvement of DNA methylation in tree development and micropropagation. Plant Cell Tissue & Organ Culture, 91(2): 75-86.

Vanyushin B. 2006. DNA methylation in plants. Curr Top Microbiol Immunol, 301(11): 67-122.

Vanzin G F, Madson M, Carpita N C, et al. 2002. The *mur2* mutant of *Arabidopsis thaliana* lacks fucosylated xyloglucan because of a lesion in fucosyltransferase AtFUT1. Proceedings of the National Academy of Sciences, 99(5): 3340-3345.

Vogt T, Jones P. 2000. Glycosyltransferases in plant natural product synthesis: characterization of a supergene family. Trends in plant science, 5(9): 380-386.

Wada Y, Ohya H, Yamaguchi Y, et al. 2003. Preferential *de novo* methylation of cytosine residues in non-CpG sequences by a domains rearranged DNA methytransferase from tobacco plants. J Biol Chem, 278(43): 42386-42393.

Wang H R, Shao Z L, Zhu Y Y, et al. 2015. Cloning and sub-cellular localization of PdNAC 1 in poplar 'Nanlin895'. Journal of Nanjing Forestry University (Natural Science Edition), 39(3): 50-54.

Wang J Y, Zhu S G, Xu C F. 2002. Biochemistry. Bei jing: Higher Education Press: 229.

Wassenegger M. 2004. RNA-directed DNA methylation. Plant Mol Biol, 43(2-3): 203-220.

Waterhouse P M, Helliwell C A. 2003. Exploring plant genomes by RNA-induced gene silencing. Nature Reviews Genetics, 4(1): 29-38.

Wesley S V, Helliwell C A, Smith N A, et al. 2001. Construct design for efficient, effective and high-throughput gene silencing in plants. The Plant Journal, 27(6): 581-590.

Williamson R E, Burn J E, Hocart C H. 2002. Towards the mechanism of cellulose synthesis. Trends in plant science, 7(10): 461-467.

Woodward A W, Bartel B. 2005. Auxin: regulation, action, and interaction. Annals of botany, 95(5): 707-735.

Xiao W, Gehring M, Choi Y, et al. 2003. Imprinting of the MEA polycomb gene is controlled by antagonism between MET1 methyltransferase and DME glycosylase. Dev Cell, 5(6): 891-901.

Xie Z, Johansen L, Gustafson A, et al. 2004. Genetic and functional diversification of small RNA pathways in plants. PLoS Biol, 2(5): 642-652.

Xu M L, Li X Q, Korban S S. 2004. DNA-methylation alterations and exchanges during *in vitro* cellular differentiation in rose (*Rosa hybrida* L). Theor Appl Genet, 109(5): 899-910.

Xu Z J, Nakajima M, Suzuki Y, et al. 2002. Cloning and characterization of the abscisic acid-specific glucosyltransferase gene from adzuki bean seedlings. Plant Physiology, 129(3): 1285-1295.

Yan P, Shen W, Gao X Z, et al. 2012. High-throughput construction of intron-containing hairpin RNA vectors for RNAi in plants. PLoS ONE, 7(5): e38186.

Yang F, Mitra P, Zhang L, et al. 2013b. Engineering secondary cell wall deposition in plants. Plant Biotechnology Journal, 11(3): 325-335.

Yang S H, Wang J H, Song Y J, et al. 2013a. Advances of secondary cell wall biosynthesis of glyco-syltransferase in poplar. Journal of Biology, 30(3): 68-71.

Yang X, Kalluri U C, Jawdy S, et al. 2008. The F-box gene family is expanded in herbaceous annual plants relative to woody perennial plants. Plant physiology, 148(3): 1189-1200.

Yang X, Tuskan G A, Cheng Z M. 2006. Divergence of the *Dof* gene families in poplar, *Arabidopsis*, and rice suggests multiple modes of gene evolution after duplication. Plant Physiol, 142: 820-830.

Ye C Y, Li T, Tuskan G A, et al. 2011. Comparative analysis of GT14/GT14-like gene family in *Arabidopsis*, *Oryza*, *Populus*, *Sorghum* and *Vitis*. Plant science, 181(6): 688-695.

Yin J, Ren C L, Zhan Y G, et al. 2010. Birch reference gene of real-time PCR standardized. Plant Physiology Report, (10): 1061-1066.

Yonekura-Sakakibara K, Hanada K. 2011. An evolutionary view of functional diversity in family 1 glycosyltransferases. The Plant Journal, 66(1): 182-193.

Zeng F S, Nan N, Zhan Y G. 2007. Total RNA extraction of rich polysaccharides and secondary metabolites in mature birch leaves. Plant Physiology Report, 43(5): 913-916.

Zeng F S, Qian J J, Luo W, et al. 2010. Stability of transgenes in long-term micropropagation of plants of transgenic birch (*Betula platyphylla*) . Biote Lett, 32(1): 151-156.

Zeng F S, Zhan Y G, Zhao H C, et al. 2010. Molecular characterization of T-DNA integration sites in transgenic birch. Trees, 24(4): 753-762.

Zhao C, Craig J C, Petzold H E, et al. 2005. The xylem and phloem transcriptomes from secondary tissues of the *Arabidopsis* root-hypocotyl. Plant Physiology, 138(2): 803-818.

Zheng J. 2012. Regulation of gene expression in poplar vascular cambium. Nanjing: Nanjing Forestry University.

Zheng L, Liu G, Meng X, et al. 2013. A *WRKY* gene from *Tamarix hispida*, *ThWRKY4*, mediates abiotic stress responses by modulating reactive oxygen species and expression of stress-responsive genes. Plant molecular biology, 82(4-5): 303-320.

Zhong R, Peña M J, Zhou G K, et al. 2005. *Arabidopsis* fragile fiber8, which encodes a putative glucuronyltransferase, is essential for normal secondary wall synthesis. The Plant Cell Online, 17(12): 3390-3408.

Zhong R, Ye Z H. 2001. Alteration of auxin polar transport in the *Arabidopsis ifl1* mutants. Plant Physiology, 126(2): 549-563.

Zhou Y, Li S, Qian Q, et al. 2009. BC10, a DUF266-containing and Golgi-located type II membrane protein, is required for cell-wall biosynthesis in rice (*Oryza sativa* L.). The Plant Journal, 57(3): 446-462.

Zhu Q, Xie X, Lin H, et al. 2015. Isolation and functional characterization of a phenylalanine ammonia-lyase gene (*SsPAL1*) from coleus [*Solenostemon scutellarioides* (L.) Codd]. Molecules, 20(9): 16833-16851.

Zilberman D, Cao X, Johansen L K, et al. 2004. Role of *Arabidopsis* ARGONAUTE 4 in RNA-directed DNA methylation triggered by inverted repeats. Curr Biol, 14(13): 1214-1220.